Lütthans • Zlotina

Russenversteher

www.kiehl.de

@on Mit Extras im Internet

Russenversteher

Wie aus interkulturellen Konfliktfeldern Wettbewerbsvorteile werden

Von
Andrea Lütthans und
Irina Zlotina

kiehl

MIX
Papier aus verantwortungsvollen Quellen
FSC www.fsc.org FSC® C008492

ISBN 978-3-470-**63841**-6

Kiehl ist eine Marke des NWB Verlags

Satz: Griebsch & Rochol Druck GmbH & Co KG, Hamm

Druck: Beltz Druckpartner, Hemsbach

Vorwort

Warum der „Russenversteher"?

Dieser Titel unseres Buches – bei allem Augenzwinkern in Richtung „Frauenversteher", „Jeansbügler" oder „Vorwärtsparker" – soll das Wichtigste in der interkulturellen Interaktion unterstreichen: Es geht hier um Menschen, um ihren respektvollen und verständnisvollen Umgang miteinander. Egal, aus welchem Kulturkreis sie selbst kommen und egal, welchen Strukturzwängen ihrer Organisation oder Firma sie unterliegen.

Umsatzziele zu erreichen, Forschungspläne umzusetzen, sich darüber überhaupt erst einmal zu verständigen, ist nur dann möglich, wenn zwischen den handelnden Personen auf beiden Seiten eine persönliche Bindung aufgebaut wird, wenn eine Geschäftsfreundschaft entsteht. Und wenn das geschieht, dann wirkt sich das nicht nur auf das aktuelle Projekt positiv aus, sondern wirkt auf viele Jahre in die Zukunft und auf viele neue Projekte, die sich daraus entwickeln.

P-Ass

Dieses Persönliche, das gegenüber dem Sachlichen überwiegt und dieses Sachliche überhaupt erst ermöglicht, wird als roter Faden durch alle einzelnen Themen in unserem Buch hindurchführen. Wir haben sogar einen Begriff kreiert – „**P-Ass**" – als Ausdruck der entscheidenden Wichtigkeit des Persönlichen und Menschlichen in deutsch-russischen Beziehungen, als Ausdruck ihrer „Macht" in allen Bereichen, in allen Prozessen. Im Kartenspiel sticht das Ass alle anderen Karten, und ganz genauso ist im Geschäft mit russischen Menschen die persönliche Beziehung stärker als Hierarchie, Macht und Korruption. Wir hoffen, unsere deutschen Leser dazu zu ermutigen, auf diese persönliche Karte zu setzen und dadurch nicht nur einen nachhaltigen Erfolg in der deutsch-russischen Kooperation zu erreichen, sondern auch viel Freude an der Kooperation, am Dialog als solchen, zu erleben.

Dass durch eine vernünftige und offene interkulturelle Interaktion beides möglich ist – sowohl Erfolg als auch Spaß an der Sache und an dem Austausch mit Menschen – wissen wir aus eigener Erfahrung und aus der Erfahrung vieler Menschen, die wir in unserem beruflichen interkulturellen Alltag kennengelernt haben. Wir haben keine quantitative Umfrage unter den Teilnehmern des deutsch-russischen wirtschaftlichen und wissenschaftlichen Austausches vorgenommen. Jedoch sammeln, reflektieren und strukturieren wir seit zwanzig Jahren Beispiele aus der internationalen Kooperation in vielseitigen interkulturellen Konstellationen. Die Ergebnisse dieser Arbeit möchten wir mit Ihnen teilen. Die Anzahl und Vielfalt unserer „Korrespondenten" erlauben es uns, gesicherte und verlässliche Aussagen zu treffen.

Gedankenspiele

In diesem Buch werden Sie als Leser immer mal wieder dazu aufgefordert, die Gedanken schweifen zu lassen und sich in Ihre russischen Kollegen hinein zu versetzen. Diese Spiele sind kein Muss, aber sie bringen Spaß und helfen dabei, mal die Sichtweise zu ändern. Probieren Sie es aus!

Online-Zusatz
Im Online-Zusatz unter **www.kiehl.de/russenversteher** finden Sie u. a. neben Literatur- und Filmempfehlungen alle Dos/Don'ts-Listen des Buches, einige Beispiele für russische Geschäftsbriefe und Visitenkarten sowie den Mini-Sprachkoffer zum Nachlesen, Ausdrucken und Anhören. Außerdem erwarteten Sie hier Interviews mit deutschen und russischen Geschäftsleuten.

Wir freuen uns auf das Feedback von Leserinnen und Lesern auf elektronischem Weg, denn auch diese Rückmeldungen, Fragen und Kommentare werden Teil des Erfahrungsschatzes sein, von dem alle, auch wir, profitieren werden.

Um den Kulturbegriff wird es ausführlicher im ersten Kapitel gehen, aber schon hier möchten wir eine bekannte Metapher ansprechen, die Kultur mit einem Eisberg vergleicht. Der Teil des Eisbergs, der über der Wasseroberfläche zu sehen ist, symbolisiert die sichtbaren Aspekte einer Kultur: wie die Menschen sprechen, die in diesem Kulturkreis aufgewachsen sind, wie sie sich kleiden, wie sie gestikulieren, was und wie sie essen. Der Teil des Eisbergs, der unter Wasser liegt und in seinem Volumen den oberen Teil um ein Vielfaches überwiegt, steht hier für die unsichtbaren Aspekte einer Kultur: Es geht um Religion, Glauben und Aberglauben, um die Werte, um die Geschichte eines Volkes und um seine Traditionen.

Uns gefällt dieser Vergleich sehr gut, weil er eine wichtige These plastisch darstellt: Die meisten interkulturellen Konflikte entstehen in unsichtbaren Bereichen der verschiedenen Kulturen. Klar, denn wenn zwei Eisberge kollidieren, tun sie es in der Regel unter Wasser. Das soll allerdings den einzelnen Eisberg nicht davon abhalten, sich ins offene Meer zu begeben. Zumal es in Zeiten der Globalisierung und Internationalisierung kaum möglich ist, nur im eigenen Schwimmbecken umher zu rudern. Ganz im Gegenteil, wir wollen Sie dazu ermuntern, weite Fahrten anzutreten und trotz aller Unwägbarkeiten und erstaunlichen Wendungen, die manchmal an die Odyssee erinnern mögen, die Reise selbst zu genießen und mit Erfolg zu beenden.

In diesem Sinne: Ahoi zu der wundersamen Reise in deutsch-russische interkulturelle Gewässer! Mit dem „Russenversteher" als Skipper in Papierform.

Danke!
Wir danken ...

... unserer Verlagslektorin Diana Manzke für ihre Offenheit unserer Idee gegenüber und für ihre freundliche fachliche Begleitung unserer Arbeit;

... unseren Freundinnen und Freunden, Kollegen und Kolleginnen für ihre geistige und tatkräftige Unterstützung: Gudrun Dohse, Prof. Klaus Dominik, Michael Foley, Dr. Norbert Jaron, Christina Knüllig, Dietmar Konopatzki, Birgit Martens, Bärbel Stadler-Leugering, Takis Sgouros, Anna Urumyan;

... und auch einander für die spannende und lehrreiche Zusammenarbeit an diesem Buchprojekt.

Ihre

Andrea Lütthans und *Irina Zlotina*
Berlin im Mai 2012

andrea-luetthans@t-online.de
irina@interkulturell.eu

Irina Zlotina ist in Kaluga geboren, hat in Moskau und Hannover studiert, in Moskau, Hannover, Kassel und Berlin gearbeitet. Als Wirtschaftsingenieurin, die über zwanzig Jahre Berufserfahrung in internationalen Projekten verfügt, wollte sie eines Tages folgenden Fragen auf den Grund gehen: Was genau unterscheidet Wirtschaftsakteure und Wissenschaftler voneinander, die aus verschiedenen Ländern stammen? Welche anthropologischen und psychologischen Aspekte sind im Business einsetzbar, und zwar: pragmatisch, optimistisch und respektvoll? Theoretische und praktische Kenntnisse auf dem Gebiet der interkulturellen Kompetenz teilt sie gern mit anderen – in Vorträgen und Workshops, deren Feedback wiederum ihren Erfahrungsschatz bereichert und sie in ihrem Optimismus bestärkt: Interkulturelle Kompetenz soll und kann gelernt werden.

Andrea Lütthans ist in Hamburg geboren und in Hannover aufgewachsen. Sie studierte in Göttingen, Hamburg, Moskau, Leningrad und Cambridge die Fächer Englisch und Russisch. Nach ihrer Ausbildung als Lehrerin und einem Jahr Schulpraxis in Edinburgh arbeitete sie in einem Hamburger Ingenieurbüro an deutsch-russischen Technologieprojekten mit. Als Programmleiterin organisiert sie nun schon seit vielen Jahren Seminare und Management-Trainings für russische Führungskräfte aus Wirtschaft, Wissenschaft und Verwaltung. Ihr Sprachstudium führte sie in andere Länder und weckte auch ihr Interesse an anderen Kulturen. Seither beschäftigt sie dieses Thema immer wieder, beruflich, wissenschaftlich und auch privat. Sie ist sich sicher: Interkulturelle Kenntnisse und Erfahrungen können jeden Menschen nur bereichern.

Benutzungshinweise

TIPP

Hier finden Sie nützliche Hinweise zum Thema.

MERKE

Das X macht auf wichtige Merksätze oder Definitionen aufmerksam.

ACHTUNG

Das Ausrufezeichen steht für Beachtenswertes, wie z. B. Fehler, die immer wieder vorkommen, typische Stolpersteine oder wichtige Ausnahmen.

INFO

Hier erhalten Sie nützliche Zusatz- und Hintergrundinformationen zum Thema.

MEDIEN

Das Maus-Symbol weist Sie auf andere Medien hin. Sie finden hier Hinweise z. B. auf Download-Möglichkeiten von Zusatzmaterialien, auf Audio-Medien oder auf die Website von Kiehl.

@on Mit Extras im Internet

Laden Sie sich hier ihre kostenlosen Extras herunter:
www.kiehl.de/russenversteher

Kein Produkt ist so gut, dass es nicht noch verbessert werden könnte. Ihre Meinung ist uns wichtig. Was gefällt Ihnen gut? Was können wir in Ihren Augen noch verbessern?

Bitte schreiben Sie einfach eine E-Mail an: **d.manzke@kiehl.de**

Als kleines Dankeschön verlosen wir unter allen Teilnehmern einmal pro Monat ein Buchgeschenk!

A. Worum geht es eigentlich?

Kultur, Kulturdimensionen und ihre Auswirkungen auf Wirtschaft und Wissenschaft

Viele internationale Kooperationsprojekte scheitern, und sogar einfachere Import-/Exportgeschäfte oder wissenschaftliche Projekte funktionieren keinesfalls reibungslos (nicht nur, aber auch) zwischen Deutschland und Russland. Und das, obwohl eigentlich beide Seiten am Erfolg interessiert sind. Was geht da schief? Unterschiedliche Interessen, Konflikte, Missverständnisse gibt es schließlich auch zwischen einzelnen Personen, Teams, Unternehmen, Institutionen. Was gibt Konflikten zwischen Vertretern unterschiedlicher Kulturen diese Sprengkraft? Und selbst wenn es nicht gleich so dramatisch wird, die Zusammenarbeit mit Menschen aus Russland wird von vielen Deutschen als anstrengend und frustrierend empfunden – woran liegt das eigentlich? Und vor allem: Wie kann die Zusammenarbeit besser funktionieren?

Unsere Antworten auf diese Fragen möchten wir Ihnen in diesem Buch vorstellen. Es soll einen Beitrag dazu leisten, dass russisch-deutsche Projekte erfolgreicher verlaufen und dass Sie die Chancen, die in einer Zusammenarbeit über kulturelle Grenzen hinweg liegen, besser nutzen können. Unser Ziel ist es, mehr Verständnis für die russische Kultur und das Verhalten von Russinnen und Russen zu schaffen und Ihnen und Ihren Projektpartnern die gemeinsame Arbeit zu erleichtern. Mehr noch: Wir wollen zeigen, wie Sie aus interkulturellen Unterschieden Vorteile für beide Seiten gewinnen können.

In diesem Kapitel soll es erst einmal darum gehen, was Kultur eigentlich ausmacht und bewirkt und warum es Schwierigkeiten bei der interkulturellen Kommunikation gibt. Wir stellen Ihnen das Erklärungsmodell der Kulturdimensionen vor und erläutern, inwiefern kulturelle Unterschiede Auswirkungen auf internationale Aktivitäten in Wirtschaft und Wissenschaft haben. Schließlich empfehlen wir Ihnen, mit welcher Einstellung Sie die größten Erfolgsaussichten beim Umgang mit anderen Kulturen haben (nicht nur, wenn es um Russland geht) und wie sich Chancen der interkulturellen Kommunikation nutzen lassen.

1. Was ist Kultur?

Darüber was Kultur eigentlich ist, gibt es jahrzehnte-, wenn nicht jahrhundertelange Debatten unter Wissenschaftlern, Hunderte Erklärungsversuche und Definitionen – sicher sehr interessant, aber für die Praxis wenig hilfreich. Hier eine Zusammenfassung verschiedener Aspekte, über die zumindest eine gewisse Einigkeit herrscht.[1)]

Kultur muss zunächst gegenüber der Natur abgegrenzt werden: Das lateinische Ursprungswort „cultura“ bezeichnet die Pflege von Wohnung und Acker, also die Bearbeitung und Gestaltung der Umwelt des Menschen. So gehören etwa die biologischen

---

1) Einen Überblick über zahlreiche Definitionen und die historische Entwicklung des Kulturbegriffs finden Sie in dem Lehrbuch *Müller/Gelbrich*, Interkulturelles Marketing.

Vorgänge bei der Geburt menschlicher Babies zur Natur, aber wie dieses Ereignis gestaltet wird und wie mit Müttern und Kindern in dieser Situation umgegangen wird, ist Bestandteil der Kultur.

Kultur ist also ganz allgemein die Art und Weise, wie Menschen ihre Lebensumwelt und ihre sozialen Beziehungen gestalten.

Umgangssprachlich versteht man unter Kultur auch die Gesamtheit von künstlerischen Leistungen einer Gesellschaft, also Musik, Theater, bildende Kunst. Zusätzlich werden in diesem Verständnis auch gute Umgangsformen und eine Reihe von anderen schön ausgestalteten Aspekten des täglichen Lebens mit dem Begriff Kultur versehen: Wohnkultur, Esskultur – vom Kulturbeutel mal ganz zu schweigen. Die Kultur in diesem Sinne ist also ein Bestandteil des umfassenderen Kulturbegriffs, mit dem wir uns in diesem Kapitel befassen.

1.1 Kultur bedeutet Zusammenhalt

Diese Art von Kultur erfüllt eine wichtige soziale Funktion: Sie dient dem Zusammenhalt einer bestimmten Gruppe von Menschen. Alle Mitglieder dieser Gruppe beziehen sich auf den gleichen Satz von kulturellen Eigenheiten und halten so einen gemeinsamen Wissensvorrat vor. Die Zugehörigkeit zu einer kulturellen Gruppe ist ein wichtiger Bestandteil unserer Identität als Einzelperson.

„Wir“ erkennen uns

- an unserem Verhalten,
- unserer Art Emotionen zu äußern (oder auch nicht),
- unserer Kleidung,
- an der Art, wie wir unsere Häuser einrichten,
- daran, was und wie wir essen,
- an unserer Einstellung zu Recht und Ordnung und
- an unzähligen anderen Details unserer Umgebung und unseren Beziehungen.

Gleichzeitig bewirkt diese gemeinsame Kultur aber auch eine Abgrenzung gegenüber anderen Gruppen. Diese „Anderen“, die nicht zu unserer Kultur gehören, machen vieles anders als wir, verhalten sich anders, kleiden sich anders, haben andere Moralvorstellungen und sind so leicht zu identifizieren. So ist auch diese Abgrenzung Teil unserer Identität.

In jedem Fall verwenden wir unsere Kultur als Basis unserer Kommunikation miteinander. Wir beziehen uns darauf, auch wenn wir vielleicht einiges persönlich ablehnen, gegen bestimmte Aspekte protestieren oder Änderungen einfordern. Die Kultur, in der wir leben, bleibt doch unser Bezugspunkt. Man kann sie auch als ein System von Zeichen betrachten, das alle verstehen und mit dessen Hilfe wir kommunizieren. In dieser Hinsicht ist der Vergleich mit der Sprache angebracht, die natürlich auch der Kommunikation dient. Kommunikationswissenschaftler haben festgestellt, dass auch zu einem Gespräch mehr gehört als nur der sachliche Inhalt. Wenn wir sprechen, machen wir Aussagen über uns selbst, ordnen uns sozialen Gruppen zu, versuchen bei anderen Menschen Reaktionen hervorzurufen (mehr dazu in Kapitel H).

Eine gemeinsame Kultur schafft Zusammenhalt und dient gleichzeitig als eine Art Sprache, mit der man sich verständigen kann.

1.2 Kultur als Sprache

Sprachen sind genau zu beschreiben – man unterscheidet Laute, Wörter, Sätze und kann eine Grammatik ableiten. Woraus besteht dann eine Kultur? Bei näherer Betrachtung zeigt sich, dass es zwei unterschiedliche Arten von Bestandteilen einer Kultur gibt – die sichtbaren und die unsichtbaren. In jeder Kultur gibt es Elemente, die wir sinnlich wahrnehmen und erleben können: etwa eine bestimmte Art sich zu kleiden, Speisen, spektakuläre Feste. Diese sichtbaren Elemente können wir leicht beobachten und mit etwas Erfahrung und einigen Kenntnissen zuordnen – der Dalai Lama kleidet sich eben anders als ein Frankfurter Börsenmakler, da kann man sich noch leicht orientieren. Wir mögen sie im Einzelfall merkwürdig finden, aber oft können wir schnell darüber hinwegsehen oder sie – wie im Falle der Speisen – sogar genießen. Wir können diese sichtbaren Elemente vielleicht mit den Lauten und Wörtern, Äußerungen in einer Sprache vergleichen. Man kann sie hören, aufzeichnen, dokumentieren und relativ leicht beschreiben.

Die unsichtbaren Elemente einer Sprache sind die Beziehungen zwischen den wahrnehmbaren Äußerungen, die Regeln der Kombination ihrer Elemente, die Grammatik. Bei der Kultur sind es Weltbild, Einstellungen, Werte, Normen, Tabus, also Grundannahmen, die die zu einer Kultur gehörenden Menschen im Wesentlichen teilen. Diese verbergen sich hinter den sichtbaren Elementen, haben aber letztlich zu ihrer Ausformung geführt. So lässt sich bspw. eine bestimmte Art sich zu kleiden von den sozialen oder auch religiösen Werten ableiten, auf denen eine Kultur basiert. Dabei kann der Unterschied deutlich und ausgeprägt sein, wie etwa bei der Verschleierung mancher muslimischer Frauen. Er kann aber auch wahrnehmbar, aber schwieriger einzuordnen sein, wie etwa die Art russischer Frauen, sich im Geschäftsleben zu kleiden (dieses Rätsel lösen wir übrigens in Kapitel D). Die unsichtbaren Elemente sind gewissermaßen die Grammatik der Kultur. Wir werden später sehen, dass es vor allem die unsichtbaren Elemente sind, die uns Schwierigkeiten bereiten.

Beispiel

In Deutschland genießen handwerkliche Berufe im Vergleich zu anderen Ländern eine relativ hohe Wertschätzung (= unsichtbares Kulturelement/Wert). Diese positive Bewertung der Berufsausbildung drückt sich in verschiedener Weise aus: Es gibt z. B. ein spezifisches System der beruflichen Bildung, besondere Zeremonien der Freisprechung am Ende der Lehrzeit, Berichte in Lokalzeitungen über die Gewinner von Wettbewerben für Konditoren-Azubis oder Friseurmeisterinnen (= sichtbare Kulturelemente/Äußerung des Werts).

Kultur besteht aus sichtbaren und unsichtbaren Elementen, die miteinander verbunden sind.

2. Hofstedes Kulturzwiebel

Außer dem Eisberg-Vergleich, den wir im Vorwort erwähnt haben, gibt es noch eine weitere Metapher für Kultur: Der niederländische Sozialpsychologe *Geert Hofstede* beschreibt die Zusammenhänge zwischen den verschiedenen Elementen der Kultur mit dem Bild einer Zwiebel (*Hofstede*). Er ordnet die Kulturelemente von außen nach innen nach ihrer Wahrnehmbarkeit und Veränderbarkeit an. Dabei fasst er die leichter zugänglichen und wahrnehmbaren Elemente unter dem Begriff **Praktiken** zusammen. Von außen nach innen:

- Symbole,
- Helden und
- Rituale.

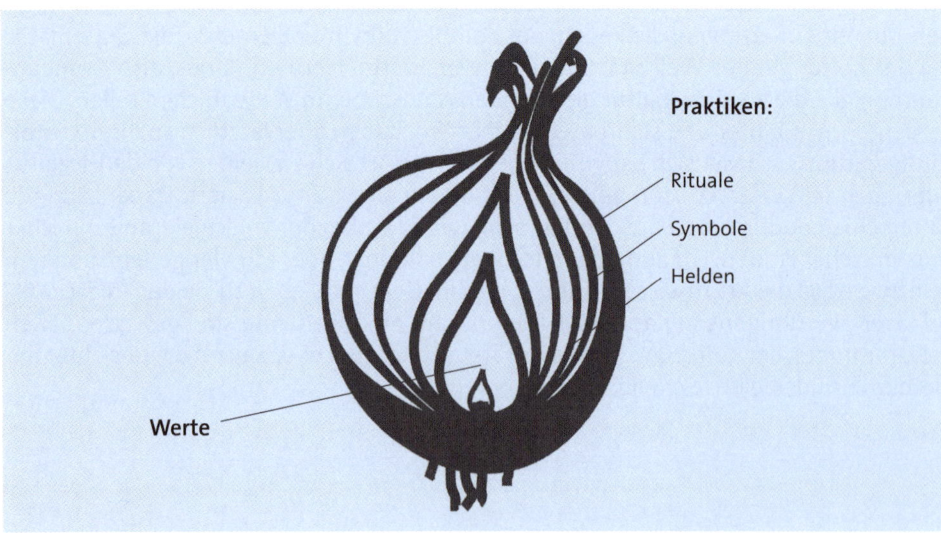

Abb. Kulturzwiebel nach *Hofstede*

2.1 Symbole

Mit **Symbolen** bezeichnet *Hofstede* Dinge, Bilder, Worte oder Gesten, die für die Träger einer Kultur eine bestimmte Bedeutung haben. Dazu gehören so unterschiedliche Elemente wie Automarken, Frisuren, Uniformen, Hymnen und vieles mehr. Sie signalisieren den Eingeweihten (also in erster Linie denjenigen, die zu einer Kultur gehören) die Zugehörigkeit und u. U. die Einordnung in eine soziale Gruppe (Schicht, Altersgruppe usw.).

Beispiel

In Russland hat es eine bestimmte soziale Bedeutung, wenn man eine „Inomarka" fährt, also ein ausländisches Auto. Man signalisiert damit seine Zugehörigkeit zu einer gehobenen sozialen Schicht. In Deutschland kann man dagegen ruhig ein einheimisches Auto fahren, aber es muss dann schon eine gewisse Größenordnung haben, um dasselbe Signal auszusenden.

In einer anderen Kultur kann diese Zuordnung durch ganz andere Dinge geschehen.

Gedankenspiel
Symbole in Deutschland

Symbole verändern sich relativ schnell, von einer Generation zur anderen können es ganz andere sein: Fallen Ihnen ein paar Beispiele ein?

Symbol:	Zeitraum:	Bedeutung:
Lange Haare bei Männern	60er/70er Jahre Heute	unangepasst, Protest trendy, kreativ

2.2 Helden

Unter **Helden** versteht *Hofstede* reale oder fiktive Personen, die Werte einer Kultur in besonderer und allgemein anerkannter Weise repräsentieren. Sie werden mit Geburtstagsgalas geehrt, es werden Filme oder Fernsehdokumentationen über sie produziert, wir lesen über sie in der Zeitung. Wir meinen übrigens, dass auch die Kehrseite, also allgemein anerkannte Bösewichter eine ähnliche Aussagekraft haben, gewissermaßen als die andere Seite der Medaille. In Russland gehören zu den Helden Generäle, Sportler, Wissenschaftler, aber auch Dichter oder tragische Romanfiguren. Sie verkörpern Werte wie Mut, Selbstaufopferung, Herz und Leidenschaft, z. B. der Kosmonaut Juri Gagarin, der Dichter Alexander Puschkin oder die Sängerin Alla Pugachowa.

Beispiel

Von staatlicher Seite werden Helden manchmal auch bewusst geschaffen, um bestimmte Werte in der Bevölkerung zu fördern. So kam das Wort „Held" im sowjetischen Vokabular recht oft vor: Es gab den „Helden der Sowjetunion" (militärische Auszeichnung), analog dazu gab es den „Helden der sozialistischen Arbeit" sowie die „Mutter-Heldin". Den letzteren Titel bekamen seit 1944 Frauen, die zehn oder mehr Kinder gebaren oder adoptierten.

Gedankenspiel
Deutsche Helden – und Heldinnen

Welche Werte repräsentieren diese Personen:

Heldin:	Inge Meysel	Werte:
Heldin:	Sophie Scholl	Werte:
Held:	Jürgen Klinsmann	Werte:
Held:	Hans-Dietrich Genscher	Werte:
	...	...
	...	...

2.3 Rituale

Als **Rituale** lassen sich in Form und Inhalt stark festgelegte Aktivitäten beschreiben, die keine unmittelbare Funktion jenseits der sozialen, kulturbildenden haben – wie man jemanden grüßt, gehört dazu, ebenso die Gestaltung wiederkehrender Feste, religiöse Zeremonien usw. Diejenigen, die von außen kommen, können sich ohne Einweisung und Erklärung meist nicht „richtig" verhalten und verstehen diese Rituale nicht ohne Weiteres. Für jemanden aus Deutschland haben meist die Wachparaden von Kindern an russischen Kriegerdenkmälern etwas Beunruhigendes, während viele Ausländer die deutschen Schützenumzüge ziemlich albern finden. Wie man sich als höflicher Mensch begrüßt und verabschiedet, muss man lernen, man kann nicht von seinen eigenen Vorstellungen ausgehen.

Symbole, Rituale und Helden sind sichtbare Kulturelemente.

2.4 Werte

Demgegenüber stellen die **Werte** den Kern der Kultur dar, sie sind nicht einmal den Trägern der Kultur immer in vollem Umfang bewusst und für Außenstehende in ihrer ganzen Tragweite nur schwer zu erfassen. Dazu gehören Dinge, wie die relative Bedeutung der Gemeinschaft und des Einzelnen, die in verschiedenen Kulturen ganz unterschiedlich gewichtet wird – z. B. in der deutschen und der russischen, wie wir in Kapitel B zeigen werden. *Hofstede* geht davon aus, dass sich die Werte einer Kultur nur sehr langsam verändern, während die Symbole am anderen Ende der Skala in relativ kurzen Zeiträumen wechseln können. In diesem Buch werden wir uns hauptsächlich mit den Werten befassen. Dabei werden Sie nicht nur die Werte der russischen Kultur kennenlernen, sondern sich gleichzeitig auch über die der deutschen Kultur bewusst werden.

Der unsichtbare Kern der Kultur besteht aus Werten, Normen, Tabus und anderen Grundannahmen über die Welt und über soziale Beziehungen.

3. Wie erlernen wir unsere Kultur?

Das Wichtigste und gleichzeitig das Brisanteste ist, dass wir unsere Kultur von frühester Kindheit an und dabei sehr gründlich erlernen. Dadurch erscheint uns vieles als ganz natürlich und selbstverständlich, was in Wirklichkeit Ergebnis jahrhundertelanger Geschichte, Tradition und sozialer Entwicklung ist. Menschen in anderen Kulturen durchlaufen denselben Prozess, aber mit anderen Inhalten. Deshalb stellt sich die Welt für sie genauso selbstverständlich ganz anders dar.

Die meisten Menschen wachsen in nur einer bestimmten Kultur auf und lernen von ihren Eltern, Lehrern und anderen Personen die Spielregeln eben dieser Kultur kennen. Dies geschieht vom Säuglingsalter an – wird man immer am Körper der Mutter getragen oder getrennt von ihr transportiert? Wird das Kind in Strampelhöschen gesteckt (Deutschland) oder zu einem festen Paket gewickelt (Russland)? Welche Rolle spielt der Vater bei der Betreuung eines Babys? Wird gefüttert, wenn das Kind es verlangt oder zu festgelegten Zeiten?

Bereits in diesem frühen Umgang werden so kulturelle Akzente gesetzt, z. B. in Richtung Förderung von Individualität oder von Gemeinschaftsgefühl. Später lernen wir nach und nach die sozialen Normen für den Umgang mit anderen Menschen und allgemein für unser Verhalten kennen. Durch Ge- und Verbote, Korrekturen und Erklärungen werden richtige Verhaltensweisen vermittelt, soziale Grenzen gesetzt. Wir lernen, wie man mit anderen Menschen spricht, wie man Messer und Gabel anfasst, was richtig und falsch, sauber und schmutzig ist. Als soziales Wesen ahmen wir die Erwachsenen nach, wenden die gelernten Regeln schon als Kinder auch untereinander an. Als Teenager testen dann die meisten von uns ziemlich ausführlich die Grenzen dieses Systems und finden ihre eigene Balance aus Anpassung und eigenem Weg. Später geht es dann um komplexere Situationen wie Verhalten bei der Arbeit, korrekte Kleidung für verschiedene Situationen und dergleichen.

3.1 Mentale Programmierung

Das Erlernen unserer Kultur ähnelt in Vielem dem Erlernen unserer Muttersprache – auch sie lernen wir als Kinder durch Nachahmen, durch die Hinweise der Erwachsenen, wie es richtig heißt, manchmal durch Erklärungen. In beiden Fällen werden die Lerninhalte sehr tief in uns verankert, die Spielregeln werden uns ganz selbstverständlich und wir gehen davon aus, dass sie für alle gelten. *Hofstede* bezeichnet dieses Phänomen als „mentale Programmierung". Damit ist gemeint, dass die kulturellen Regeln und Werte Bestandteil unseres Denkens werden. Wir nehmen sie nicht mehr als etwas Gelerntes wahr, sondern sehen sie als etwas Gegebenes an (wenn wir überhaupt darüber nachdenken). So gesehen, verwischt für uns hier die Grenze zwischen Natur und Kultur: Wir meinen, es sei „natürlich", dass man sich beim Grüßen in die Augen schaut, dass man sich freut, wenn man durch eine Auszeichnung aus einem Team hervorgehoben wird oder dass man am besten immer nur eine Sache zur gleichen Zeit macht. Aber es gibt eben andere Kulturen, die genau das Gegenteil für natürlich halten.

Kultur wird von klein auf gelernt, verinnerlicht und dann für selbstverständlich gehalten – so funktioniert die „mentale Programmierung".

Was die Sprache betrifft, werden wir später eines Besseren belehrt. Wir erfahren dann, dass andere Menschen eine andere Sprache sprechen. Da heute viele Menschen auch mit kleinen Kindern im Urlaub in andere Länder reisen, passiert das oft recht früh und für die breite Bevölkerung. Übrigens ist der Kontakt mit anderen Menschen mit anderer Muttersprache unbedingt erforderlich, sonst bleibt auch dieses Verständnis abstrakt. Aber wenn wir erst einmal in Kontakt mit anders sprechenden Menschen sind, wird uns schnell klar, dass wir, wenn wir uns mit ihnen verständigen wollen, diese Sprache lernen müssen. Wir merken allerdings auch, dass dies gar nicht so einfach ist, eine gewisse Zeit braucht und eine gewisse Anstrengung unsererseits voraussetzt.

3.2 Unterschiedliche Landeskulturen

Mit einer anderen Kultur ist es einerseits ähnlich und dann doch wieder anders. Unsere eigene Kultur erscheint uns so selbstverständlich und die Verhaltensweisen der Menschen aus anderen Kulturen scheinen oft oberflächlich betrachtet gar nicht so anders zu sein. Deshalb nehmen wir dieses Verhalten einfach als eine Abweichung wahr und nicht als ein ganz anderes System. Das ist ein bisschen so, also würde man Italienern, nur weil man kein Italienisch versteht, vorwerfen, dass sie undeutlich oder eine Art falsches Deutsch sprechen.

Es ist aber auch wirklich manchmal nicht einfach, besonders wenn es um scheinbar „normales", nicht offensichtlich exotisches Verhalten geht. Vielleicht kommt eine bestimmte Verhaltensweise auch in der eigenen Kultur vor, gilt aber als unhöflich oder inkompetent. Wenn wir also auf einen aus unserer Sicht unpünktlichen Menschen treffen, vergleichen wir ihn automatisch mit unserem Freund Günther, der uns durch sein ständiges Zuspätkommen schon seit Jahren nervt. Wir können dann nicht so ohne Weiteres verstehen, dass es im Falle unseres russischen Kollegen Oleg, der auch gelegentlich zu spät kommt, ganz andere Gründe für dieses Verhalten geben kann (welche das sein könnten, lesen Sie in Kapitel F). Wenn dann noch hinzukommt, dass wir Russen sowieso für unpünktlich und allgemein unzuverlässig halten, stecken wir schon in der Stereotypen-Falle und fühlen uns auch noch durch unsere eigene Erfahrung in der negativen Bewertung bestätigt.

4. Urteile und Vorurteile

Stereotype sind oft unser erster „natürlicher" und dabei ziemlich hilfloser Versuch, mit anderen Kulturen umzugehen und sie irgendwie in unser eigenes Weltbild einzuordnen. Stereotypen aller Art halten sich hartnäckig, obwohl wir heute meist die Regeln der **Political Correctness** einhalten und nicht offen darüber sprechen.

Aber zunächst ganz nüchtern betrachtet: Was ist eigentlich ein Stereotyp und wie funktioniert es? Die Basis von Stereotypen, so haben Sozialpsychologen herausgefunden, sind zwei Mechanismen, die Menschen zur Orientierung in ihrer komplexen Umwelt anwenden: Wir vereinfachen komplexe Sachverhalte und außerdem trennen wir die Menschheit pauschal in „Wir" und „die Anderen" (*Petersen/Six*). Beides ist in gewissem Umfang notwendig, denn sonst wäre die Welt zu komplex für uns, um darin zu funktionieren. Beide Mechanismen zusammengenommen ergeben allerdings ein bequemes Pseudowissen über andere Menschen, das innerhalb sozialer Gruppen immer weitergeben wird und über Generationen erstaunlich stabil bleibt. Mit diesem „Wissen" drückt die eine Gruppe der anderen Stempel auf: Männer urteilen so über Frauen, Alte über Junge, Deutsche über Russen – und immer auch umgekehrt.

So steckt man mit Stereotypen Menschen in unzulässiger und kontraproduktiver Weise in Schubladen und klebt ein Etikett darauf, das sich leider nur schwer wieder entfernen lässt.

Interkulturelle Stereotype
Die interkulturellen Stereotype sind wie die anderen auch meist mit Bewertungen verbunden. Dabei kennen Psychologen sowohl Stereotypen über die eigene Gruppe als auch über andere. Meist fällt dann das Selbstbild viel positiver aus als das Bild von den anderen. Die abgrenzende Funktion der Kultur steht hier im Vordergrund. Wenn wir dabei stehen bleiben, ist uns der Weg zu wirklichem Verstehen und einem konstruktiven Umgang miteinander versperrt: Jeder bleibt in seiner Schublade stecken und sieht von den anderen Schubladen nur die Beschriftung, nicht den Menschen darin.

Stereotypen erleichtern einerseits die Orientierung in der Welt, erschweren aber die interkulturelle Verständigung.

Gedankenspiele
Was halten Deutsche von Russen?

Natürlich geht es in diesem Buch auch darum, Vorurteile durch realistische Einschätzungen zu ersetzen. Aber zu Anfang schadet es gar nichts, sich vorhandener Vorurteile bewusst zu werden.
Später werden wir dann sehen, was davon auf Wissenslücken und Missverständnissen beruht und was vielleicht einen wahren Kern hat. Also fragen Sie bitte mal Ihre Freunde oder Kolleginnen, was denen so spontan zu Russen und Russinnen einfällt. Oder Sie notieren Ihre eigenen Vorstellungen hierzu.

Positive Eigenschaften:
...
...
Negative Eigenschaften:
...
...

Was halten Russen von Deutschen?

Was meinen Sie, wie Russen im Gegenzug uns Deutsche beurteilen? Welche Eigenschaften werden uns wohl zugeschrieben?[2)]
...
...

Nun kann man sicher nicht über alle Kulturen dieser Welt detaillierte und differenzierte Kenntnisse haben. In der UNO sind derzeit 193 Staaten vertreten (Stand Dezember 2011), von denen noch dazu viele eine multikulturelle Bevölkerung haben, z. B. Indien, China oder die Schweiz. Aber in Zeiten globalisierter, politischer und wirtschaftlicher Verflechtungen müssen wir von uns selbst mehr erwarten als Stereotypen. Insbesondere, wenn es um Menschen geht, mit denen wir direkt und persönlich zu tun haben. Wie können wir also den Widerspruch zwischen notwendiger Vereinfachung zur Orientierung und wünschenswerter Differenzierung auflösen?

5. Kulturdimensionen – die Grammatik der Kultur

Wie wir gesehen haben, besteht Kultur, wie eine Sprache, auch aus Elementen, die man nicht sinnlich wahrnehmen und deshalb nicht leicht einordnen kann. Es gibt eine Art Grammatik, Beziehungen zwischen den Elementen, Regeln, Vorstellungen von richtig und falsch, Recht und Verfehlung. In der Kultur sind das religiöse oder soziale Werte, gesellschaftliche Normen, allgemein anerkannte Verhaltensweisen.

Und an dieser Stelle wird es nun in der Praxis mit der Kultur schwierig: Die „Grammatik“ einer Kultur ist viel schwieriger zu identifizieren als die Regeln des Satzbaus oder der Deklination von Substantiven. Sie steckt irgendwie hinter dem, was wir wahrneh-

2) Im Anhang (S. 177) finden Sie die Ergebnisse einer Umfrage zu diesem Thema.

men können. Um uns frei bewegen und problemlos verständigen zu können, müssen wir sie allerdings verstehen und beherrschen. Insofern sind einzelne Verhaltensregeln, die man in manchen Ratgebern findet, vergleichbar mit einem Sprachführer für Touristen: Es ist schon praktisch, wenn man sagen kann: „In meinem Zimmer tropft der Wasserhahn". Aber niemand würde das für das Beherrschen einer Sprache halten oder glauben, dass dies eine Unterhaltung mit einem anderen Menschen darstellt. Wenn wir also nur wissen, wie man eine Visitenkarte in China übergibt, verhindert das bestimmt die eine oder andere peinliche Situation, aber wir sollten es nicht mit einem echten Verständnis für eine andere Kultur verwechseln.

5.1 Interkulturelle Unterschiede versus Vorurteile

Nun halten viele Menschen jedes Bemühen, interkulturelle Unterschiede zu benennen, für das Pflegen von Stereotypen und Vorurteilen und lehnen derartige Versuche daher von vornherein ab. Sie sind der Meinung, dass man jeden Menschen individuell kennenlernen muss, und leugnen das Vorhandensein von kulturellen Gemeinsamkeiten. Das ist in gewisser Weise verständlich, zumal tatsächlich die ersten Ansätze zur Beschreibung von Kulturen mit dem Begriff des Nationalcharakters in die Richtung einer Systematisierung von Werturteilen gingen. Erst Mitte des 20. Jahrhunderts verlagerten sich Schwerpunkt und Einstellung der Forscher, die nun einen neutraleren Standpunkt einnahmen und Beschreibungen, Beobachtungen, Befragungen vor eine Bewertung stellten. Also ist Vorsicht bei Vereinfachungen durchaus angebracht.

Andererseits bildet aber auch eine Landkarte nicht jedes Detail 1:1 ab und doch ist sie äußerst nützlich, um uns in einer fremden Gegend zu orientieren. Wenn wir also jede Verallgemeinerung ablehnen, verzichten wir auf jede Möglichkeit, uns in einer anderen Kultur zu orientieren und müssen uns ganz ohne Landkarte bewegen. Und auch beim besten Willen und großer Anstrengung führt das nicht unbedingt zum Erfolg.

5.2 Kulturdimensionen beschreiben, aber bewerten nicht

Die bis heute besten Versuche, die Kulturgrammatik zu beschreiben, sind die sogenannten „Kulturdimensionen". Die Erforschung von Kulturdimensionen entstammt dem Wunsch, für die subjektiv empfundenen und besonders in Konfliktfällen beobachtbaren Unterschiede zwischen verschiedenen Kulturen objektive Kriterien zu finden. Durch die Befragung oder auch Beobachtung von Tausenden Menschen unterschiedlicher Kulturkreise versuchten Forscher, messbare Kategorien herauszufiltern, durch die Kulturen sich unterscheiden. Damit wollten sie Vergleichbarkeit ermöglichen und daraus Handlungsempfehlungen für die interkulturelle Kommunikation ableiten.[3)]

Die Kulturdimensionen bieten uns einen Ausweg aus der Stereotypen-Falle: Sie stellen einerseits schon eine deutliche Vereinfachung dar, eignen sich also zu einer Orientierung in einer manchmal verwirrenden Umgebung. Auf der anderen Seite beschreiben sie Kulturen aber doch differenziert, sodass man auch graduelle Unterschiede wahr-

---

3) Auch zu den Kulturdimensionen gibt es bei *Müller/Gelbrich*, Interkulturelles Marketing einen guten Überblick.

nehmen kann. Vor allem aber bewerten sie nicht, sondern bieten uns die Chance, unsere eigene und die fremde Kultur zu verstehen und das Verhalten und die Erwartungen von Menschen anderer Kulturen wertneutral einzuordnen. Auch wenn sie nicht perfekt sind, machen sie uns doch den Kopf dafür frei, zu kooperieren, gemeinsame Lösungen zu suchen und schließlich auch unser Gegenüber als Individuum vor dem Hintergrund seiner Kultur zu verstehen.

Kulturdimensionen bieten eine wertneutrale Orientierung bei interkulturellen Unterschieden.

6. Die wichtigsten Systeme von Kulturdimensionen

Bei den Bemühungen, Kulturdimensionen zu ermitteln, gibt es eine Vielzahl unterschiedlicher Ansätze sowohl im Hinblick auf die Zielsetzungen als auch auf die Forschungsmethoden: Theoriegeleitete Untersuchungen, empirische Studien, Versuche, kulturelle Unterschiede messbar zu machen. Einige Wissenschaftler untersuchen nur eine Dimension oder einige wenige, die sie intensiv studieren. Andere versuchen, einen kompletten Satz aller relevanten Dimensionen zu erstellen, um eine Kultur vollständig beschreiben zu können. Dabei greifen sie zur Bildung von Hypothesen teilweise auf die Einzeluntersuchungen zurück.

So gibt es mehrere Systeme von Kulturdimensionen, die sich teilweise überschneiden, widersprechen oder auch ergänzen. Wir haben für dieses Buch einige Dimensionen zweier Forscher herausgesucht, die uns für das Verständnis der russischen Kultur hilfreich erscheinen: *Edward T. Hall* und *Geert Hofstede*.

6.1 Kulturdimensionen nach Hall

Der amerikanische Anthropologe *Hall* war der Pionier der Kulturdimensionen. Er erforschte schon seit den dreißiger Jahren des 20. Jahrhunderts verschiedene amerikanische Kulturen, befasste sich mit interkultureller Kommunikation und arbeitete nach und nach verschiedene Kulturdimensionen heraus, durch die sich Kulturen unterscheiden und beschreiben lassen. Seine Erkenntnisse wurden von Unternehmen wie von Regierungsorganisationen bei der Ausbildung von Mitarbeitern für den Einsatz im Ausland angewendet.

Bereits 1959 untersuchte *Hall* den Gebrauch der Sprache in verschiedenen Kulturen und leitete aus seinen Beobachtungen die Kulturdimension „geringer Kontextbezug – hoher Kontextbezug" (**Low Context – High Context**) ab.

In Kulturen, die sich wenig auf den Kontext der Kommunikation beziehen, wird der größte Teil der erforderlichen Informationen direkt sprachlich vermittelt. Man erwartet vom Gesprächspartner klare, präzise Aussagen, die Formulierung von Erwartungen und auch die explizite Mitteilung von Emotionen. Zu diesen Kulturen gehört u. a. auch Deutschland. Die sprachlichen Äußerungen bei Kulturen mit hohem Kontextbezug enthalten dagegen nur einen Teil der Informationen, man erwartet, dass Gesprächspartner zwischen den Zeilen lesen können. Die Situation, Körpersprache, indirekte Anspielung oder Schweigen muss interpretiert werden, direkte Kritik gilt als unhöflich. Russland gehört eher in diese Kategorie. Welche Auswirkungen das Aufeinandertreffen verschiedener Kommunikationsstile haben kann, beschreiben wir in Kapitel H näher.

Eine weitere wichtige Dimension, die Hall herausarbeitete, ist die Zeitorientierung: Sie ist entweder monochron – dann macht man am liebsten nur eine Sache zur gleichen Zeit und schaltet bei Bedarf mehrere Tätigkeiten hintereinander. Oder sie ist polychron – dann macht man mehrere Dinge gleichzeitig und jongliert mit mehreren Aktivitäten. Diese Dimension ist für die internationale Zusammenarbeit wichtig und auch hierin unterscheiden sich Deutsche und Russen (deshalb widmen wir dieser Dimension das Kapitel E).

Wichtige Kulturdimensionen bei *Hall* sind Kontextbezug und Zeitauffassung.

Außerdem beschrieb *Hall* als Kulturdimensionen: Die Raumorientierung (dazu gehört relative Größe der Privatsphäre und des persönlichen Territoriums in verschiedenen Kulturen) sowie die in einer Kultur als angemessen empfundene Geschwindigkeit der Informationsweitergabe, z. B. beim Kennenlernen einer Person.

Hall ist ein echter Klassiker der interkulturellen Kommunikation und seine Werke sind auch heute noch aktuell und gut zu lesen.

6.2 Kulturdimensionen nach Hofstede

Der Niederländer *Geert Hofstede* befasste sich zunächst mit der Erforschung von Unternehmenskulturen. Dabei stellte er jedoch fest, dass es bei international tätigen Unternehmen regelmäßig zu beobachtende Unterschiede zwischen den Mitarbeitern in den verschiedenen Ländern gab und er begann, diese systematisch zu erforschen. In einer großangelegten Untersuchung stellte *Hofstede* etwa 116.000 IBM-Mitarbeitern weltweit 60 Fragen zu ihrer Einstellung zu verschiedenen Aspekten ihres Arbeitslebens. Aus den Antworten leitete *Hofstede* fünf Kulturdimensionen ab:

Kulturdimension	Bedeutung	Näheres in
Kollektivismus/Individualismus	Die relative Bedeutung von Gruppe und Einzelnem	Kapitel B
Machtdistanz	Das Machtgefälle zwischen Eltern und Kindern, Lehrern und Schülern, Chefs und Mitarbeitern, Regierenden und Regierten	Kapitel C
Maskulinität/Femininität	Orientierung auf Erfolg oder auf Lebensqualität und soziale Beziehungen	Kapitel D
Unsicherheitsvermeidung	Der Grad, zu dem man versucht, Risiken zu vermeiden und durch eigenes Verhalten für Sicherheit zu sorgen	Kapitel G
Langzeit-/Kurzzeitorientierung	Die relative Größe des Zeithorizonts von Handlungen und Einschätzungen	Kapitel F

Dabei wurden für jedes Land statistische Durchschnittswerte ermittelt, aus denen sich eine Rangfolge auf einer Zahlenskala und damit ein Maß für die relative Verschiedenheit zwischen Ländern ergibt. *Hofstede* vernachlässigt allerdings den eigentlich wichtigen Unterschied zwischen Land und Kultur, wodurch seine Ergebnisse für multikulturelle Länder etwas unscharf werden. Wir werden versuchen, diese Lücke im Kapitel E zu schließen.

Im Rahmen von Nachfolgeuntersuchungen von *Hofstede* selbst (zuletzt 2010) und auch von anderen Wissenschaftlern wurden die Ergebnisse überwiegend bestätigt. Daher ist *Hofstedes* Werk, trotz einiger Kritik an seinen Methoden und seiner Interpretation der Ergebnisse als grundlegend für die Auseinandersetzung mit der Thematik interkultureller Unterschiede zu werten.

6.3 Weitere Kulturdimensionen: GLOBE und Trompenaars

Wir meinen, dass die Dimensionen von *Hall* und *Hofstede* die beste Basis für unsere Gedanken zu russisch-deutschen Beziehungen bieten. Wenn Sie aber anfangen, sich weiter mit dieser Thematik zu beschäftigen, werden Sie möglicherweise auf weitere Kulturdimensionen treffen und auch aus diesen Nutzen für sich ziehen können. Hier möchten wir nur auf zwei Systeme hinweisen: *Frans Trompenaars* und die *GLOBE-Studie*.

Die Kulturdimensionen des Niederländers *Frans Trompenaars* basieren auf einer wesentlich weniger umfangreichen Untersuchung als die *Hofstedes*, werden jedoch in Seminaren zum interkulturellen Management oft verwendet. Er unterscheidet sieben Dimensionen, die teilweise mit denen von *Hall* (Zeitorientierung) und *Hofstede* (Kollektivismus/Individualismus) übereinstimmen.

Das internationale Forschungsprojekt *GLOBE*, das Untersuchungen zu 62 Ländern einschließt, dürfte wohl der bisher umfangreichste Versuch sein, kulturelle Unterschiede systematisch zu erfassen. Es werden neun Dimensionen unterschieden, wodurch eine größere Differenzierung erreicht, aber auch die praktische Anwendung erschwert wird. Bei dem Projekt geht es aber nicht in erster Linie um die Untersuchung von Kulturdimensionen selbst, sondern um die Ermittlung von kulturübergreifenden und kulturspezifischen Führungsqualitäten. Deshalb werden ausschließlich Führungskräfte befragt. Trotz dieser Einschränkung enthält die *GLOBE-Studie* wichtige Fragestellungen und Ansätze. Dazu gehört die Unterscheidung nach Werten und ihrer tatsächlichen Umsetzung **(Value/Performance)** bei der Befragung, wobei sich hier teilweise große Unterschiede zeigten. Dies ist ein Ergebnis, das für die praktische Arbeit mit ausländischen Geschäftspartnern zumindest als Hintergrundinformation von Bedeutung ist.

Deutsch-russische Wirtschaftsbeziehungen haben eine lange Geschichte: Das Hanse-Kontor in Nowgorod[4)]

Die Hanse, der Zusammenschluss nordeuropäischer Städte, hatte auch in Russland ein Kontor, und zwar von der Mitte des 13. bis zum Ende des 15. Jahrhunderts in der Stadtrepublik Nowgorod. Die Stadt nennt sich heute auch Welikij Nowgorod (Groß-Nowgorod). Sie war kein vollwertiges Mitglied der Hanse, jedoch in das Handelsnetz des Städtebundes einbezogen. Die Hanseaten kauften Pelze, Holz, Honig, Wachs und lieferten Tuch, Wein, Gewürze, Waffen, Glas und andere Waren. In dieser Handelsniederlassung, dem Peterhof, waren immer etwa 200 Kaufleute anwesend, die einen im Sommer, die anderen im Winter. Viele davon kamen aus deutschen Hansestädten wie Lübeck oder Greifswald.

Wie hat man damals die interkulturellen Unterschiede bewältigt? Ziemlich pragmatisch: Die hanseatischen Kaufleute konnten innerhalb ihres Kontors ihre Angelegenheiten untereinander nach den Normen und Gesetzen ihrer Heimat regeln. Ansonsten galten Verträge und Handelsordnungen, auf deren Basis Konflikte geklärt wurden. In der Beziehung zu den einheimischen Kaufleuten waren die Hanseaten sogar bevorzugt – ihre finanziellen Forderungen hatten grundsätzlich Vorrang vor den Forderungen der russischen Händler. Es muss eine für beide Seiten sehr profitable Geschäftsbeziehung gewesen sein, die erst aufhörte, als Zar Iwan III. die relative Unabhängigkeit des Nowgorods beendete und die ausländischen Kaufleute vertrieb. Nowgorod ist heute Mitglied der Neuen Hanse, einer Art lockerem internationalen Städteverbund, der versucht, an die alten Traditionen der Hanse anzuknüpfen.

4) Weitere Informationen finden Sie unter: **www.hanse.org.**

7. Kulturelle Unterschiede in Wirtschaft, Management und Wissenschaft

Was hat nun unsere Kultur mit Wirtschaft, Wissenschaft und dem Management von internationalen Projekten zu tun? Es scheint doch, als gäbe es in diesen Bereichen unumstrittene internationale Standards, gemeinsame Begriffe und Vorgehensweisen. Tatsächlich sind aber auch hier zahlreiche und durchaus signifikante interkulturelle Unterschiede festzustellen.

7.1 Wirtschaftssysteme: Unterschiede im Detail

Zunächst einmal ist auch das Wirtschaftssystem ein Ausdruck der Werte einer Kultur. Man merkt das an den deutlichen Unterschieden zwischen der Ausgestaltung der Systeme selbst innerhalb der EU und vor allem an den Schwierigkeiten, die sofort auftreten, wenn eine Vereinheitlichung versucht wird. Ein gutes Beispiel hierfür ist die Regelung der Wochenarbeitszeiten: Für individualistisch geprägte Briten ist das eine unzulässige Einschränkung der persönlichen Entscheidungsfreiheit, für Franzosen dagegen eine Frage der Fürsorgepflicht des Staates.

In *Hofstedes Kulturzwiebel* wird man die Wirtschaftssysteme irgendwo zwischen Werten und Praktiken einordnen. Sie sind nicht unmittelbar sinnlich wahrnehmbar wie eine Art die Haare zu tragen und auch nicht so schnelllebig wie eine Mode. Wirtschaftssysteme sind aber doch relativ einfach zu beschreiben, denn die Spielregeln sind zu einem großen Teil gesetzlich verankert und daher dokumentiert und nachvollziehbar. Wie man sich die Zusammenhänge im Einzelnen vorstellen kann, wird in den folgenden Kapiteln nach und nach deutlich werden.

7.2 Kulturelle Prägung im Management

Kulturelle Unterschiede ziehen sich durch alle Unternehmensfunktionen. Bei Marketing und Personalmanagement liegt das auf der Hand – man hat es hier eben mit Kunden und Mitarbeitern und damit mit Menschen zu tun, die nun einmal kulturell geprägt sind. Es gibt inzwischen auch umfangreiche Fachliteratur, die man zu Rate ziehen kann:

- Beim Marketing muss man u. a. Produkte, Nutzenargumentationen und die Verwendung von Symbolen an die Zielkultur anpassen.
- Beim Personalmanagement muss der Einfluss der Kultur auf alle Beziehungen und Aktivitäten berücksichtigt werden: von den Kriterien bei der Personalauswahl über die Motivation bis hin zu den Erwartungen an eine Führungskraft.

Aber selbst scheinbar objektive Disziplinen wie Buchhaltung oder Controlling weisen kulturbedingt unterschiedliche Ausprägungen auf. *Hofstede* führt hierzu als Beispiel den relativen Grad der Wertschätzung für Buchhalter und Wirtschaftsprüfer in Unternehmen, aber auch in der Gesetzgebung verschiedener Länder an. Diese korreliert nach seiner Analyse u. a. mit der Ausprägung der Kulturdimension der Unsicherheitsvermeidung und ist entsprechend in Russland höher als in Deutschland.

Beispiel

Auch bei Juristen gibt es Unterschiede: Ein polnischer Rechtsanwalt stellte fest, dass deutsche Anwälte die meiste Zeit mit der Bearbeitung ihrer Fälle am Computer verbringen, ihre russischen Kollegen dagegen im Gespräch mit Klienten.

Wirtschaftssysteme sind eng mit den Werten einer Kultur verbunden.

Eine Missachtung dieser Tatsachen ist auch einer der Gründe dafür, dass Unternehmen, die ihren eigenen Stil und ihre eigenen Werte weltweit durchsetzen wollen, so oft scheitern.

Beispiel

Ein bekanntes Beispiel dafür ist der vergebliche Versuch von Walmart, sich auf dem deutschen Markt zu etablieren – weder die deutschen Kunden noch die Mitarbeiter funktionierten so, wie es die Walmart-Zentrale erwartete.

Man muss an dieser Stelle aber auch anmerken, dass ein Unternehmen hier eine schwierige Wahl zu treffen hat. Eine hundertprozentige Anpassung an lokale Gegebenheiten ist wirtschaftlich und organisatorisch kaum machbar, wenn man sich in mehreren Ländern und Regionen bewegt. In der Logistik und im Finanzwesen müssen Prozesse ineinandergreifen und in gleicher Weise funktionieren. Deshalb ist es heutzutage weitgehender Konsens, dass man in internationalen Unternehmen eine Balance finden muss: Soviel Vereinheitlichung wie nötig und so viele kulturspezifische Elemente wie möglich.

7.3 Auch Wissenschaft ist nicht „kulturfrei“

Auch in der Wissenschaft sieht es ähnlich aus. Wissenschaftler gehen oft davon aus, dass international nach denselben Standards gedacht und gehandelt wird, nur um in der Zusammenarbeit mit Kollegen in internationalen Projekten schnell eines Besseren belehrt zu werden. Tatsächlich finden sich kulturelle Unterschiede auf fast allen Feldern wissenschaftlicher Tätigkeiten – von der Forschungsmethodik bis hin zur Struktur wissenschaftlicher Texte (*Weidemann*).[5)]

[5)] *Weidemann* beschreibt die wesentlichen „Problemzonen“ interkultureller Zusammenarbeit in Forschungsteams. Auch Hochschullehrer, die mit Studierenden aus anderen Ländern zu tun haben, treffen übrigens auf andere Verhaltensweisen, als sie von den einheimischen Studierenden gewohnt sind, z. B. was die Erwartungen an Dozenten, Beteiligung an Diskussionen oder die Erstellung von Seminararbeiten angeht. Dies erläutert *von Queis* in: Interkulturelle Kompetenz: Praxis-Ratgeber zum Umgang mit internationalen Studierenden.

So kontrastiert z. B. das Bedürfnis deutscher Wissenschaftler, alle Aussagen in ein Theoriesystem einzuordnen und damit „abzusichern“, mit stärker empirisch ausgerichteten, praxisorientierten Ansätzen etwa in den USA. Damit verbunden ist auch die ganz unterschiedliche Ausdrucksweise: In den USA drückt man sich möglichst verständlich aus, während der Wissenschaftsstil in Deutschland eher kompliziert ist. Man möchte hier eben sichergehen, als Experte wahrgenommen und nicht mit einem Journalisten verwechselt zu werden. In Russland hat man eine Vorliebe für „Systeme“ und schwört auf große Mengen von Daten, Zahlen, Fakten, was aus Sicht deutscher Wissenschaftler manchmal unsinnig erscheint. Zu der Thematik der Unsicherheitsvermeidung und ihrer Bedeutung für die russisch-deutschen Beziehungen lesen Sie übrigens mehr in Kapitel G.

7.4 Projektmanagement als interkulturelle Herausforderung

Was das Projektmanagement angeht, stehen multikulturelle Projektteams in der Wissenschaft vor denselben Herausforderungen wie ein Team von Mitarbeitern aus Unternehmen. Bei internationalen Projekten jeder Art treffen unterschiedliche Systeme aufeinander. Ein Problem ist, dass oft alle mit denselben Begriffen hantieren, aber unterschiedliche Dinge damit meinen oder ihre Wichtigkeit unterschiedlich einsetzen. Was ist z. B. ein Projektmeilenstein? Ein Moment, zu dem bestimmte Dinge unbedingt abgeschlossen sein müssen oder eine ungefähre Orientierung, wo der Weg langgeht?

Im Forschungsprojekt „Smart Globalizing“ der Lüneburger Leuphana Universität (*Franke/Günther*) wurden in Hunderten von Interviews mit Gesprächspartnern aus verschiedenen Ländern einige typische „Knackpunkte“ in internationalen Projekten identifiziert, die wir in einigen der folgenden Kapiteln aufgreifen werden:

- Unterschiedliche hierarchische Orientierung (unser Kapitel C),
- Unterschiedliche Kommunikations- und Konfliktstile (Kapitel H),
- Unterschiedliche Arbeitsweisen in Bezug auf Zeit und Planung (Kapitel F und G).

8. Die eigene Einstellung als Erfolgsfaktor

Wie geht man also vor, wenn man sich mit einer fremden Kultur auseinandersetzen will? Wir empfehlen Ihnen vor allem, bei sich selbst für eine Einstellung möglichst großer Offenheit zu sorgen. Versuchen Sie, zunächst zu beobachten und nicht alles, was Ihnen merkwürdig erscheint, sofort zu bewerten. Im Gegenteil, dieses Gefühl, dass das Verhalten Ihres Gegenübers eigenartig und verwirrend ist, ist ein sicheres Zeichen dafür, dass es an dieser Stelle etwas zu verstehen und zu lernen gibt. Vor allem nehmen Sie bitte nicht alles, was Sie irritiert, gleich persönlich, sondern versuchen Sie, zwischen persönlichen und kulturellen Faktoren zu unterscheiden.

8.1 Forschermentalität

Vielleicht entwickeln Sie eine Art Forschermentalität: Setzen Sie (mental) Ihren Tropenhelm auf, greifen Sie sich eine Botanisiertrommel und gehen Sie auf die Suche nach exotischen Verhaltensweisen. Das, was Sie dabei einfangen, können Sie dann immer noch in Ruhe analysieren und zu verstehen versuchen. Das Gute an dieser Einstellung ist, dass Sie zu den Merkwürdigkeiten eine andere Einstellung gewinnen. Wenn Ihnen etwas Unerwartetes passiert, sagen Sie sich: Das ist ja interessant, das hätte ich jetzt nicht erwartet! So sind Sie nicht gestresst, sondern machen eine faszinierende neue Erfahrung.

8.2 Gelassenheit

Im Übrigen: Bleiben Sie gelassen – nur wenige Fehler sind wirklich irreparabel. Vielleicht ist so eine Situation dann sogar der Anlass dafür, sich mit dem Gegenüber einmal ausführlicher über gegenseitige Erwartungen und Verhaltensnormen zu unterhalten. Man lernt sich besser kennen und die Beziehung zu der Vertreterin des Kunden oder zu dem Mitorganisator einer Veranstaltung erreicht eine neue Tiefe. Gerade in Beziehungen mit russischen Menschen kann eine überstandene Krise zusammenschweißen und sogar zu einer Freundschaft führen.

8.3 Übung für die interkulturelle Meisterschaft

Halten Sie sich den Vergleich mit den Fremdsprachen vor Augen: Auch das Erlernen der Grammatik und der Vokabeln einer Kultur ist ein Prozess, und der funktioniert nicht wie das Umlegen eines Schalters. Wie lange hat es eigentlich gedauert, bis Sie einigermaßen Englisch konnten? Wie oft haben Sie die falsche Zeitform angewendet, die falschen Wörter benutzt? Können Sie es jetzt wirklich perfekt? Nein? Hindert Sie das aber daran, es zur Verständigung mit anderen Menschen einzusetzen? Sicher auch nicht. Also: Perfektionismus ist auch bei interkulturellen Begegnungen fehl am Platz. Stehen Sie sich selbst Fehler zu – Hauptsache, Sie lernen daraus. Das Wichtigste ist wie beim Sprachenlernen: Üben, üben, üben.

Gedankenspiele
Was ist typisch deutsch?
Bitte machen Sie jetzt ein Brainstorming – wichtig dabei: Alles aufschreiben, nichts bewerten. Und nicht nur Negatives benennen.

Ich schätze an mir und meinen Mitbürgern als positive deutsche Eigenschaften:
...

Ich finde diese Eigenschaft an mir und anderen typisch deutsch und negativ:
...

Was ist Ihnen an russischen Menschen aufgefallen?
Die eigene kulturelle Prägung wird einem eigentlich erst so richtig klar, wenn man auf Menschen aus anderen Kulturen trifft, die sich anders verhalten, als man es selbst in einer bestimmten Situation erwartet. Denken Sie bitte deshalb einen Moment lang zurück, lassen Sie Begegnungen und Gespräche mit russischen Kunden, Kollegen oder Gesprächspartnern innerlich Revue passieren: Was fanden Sie daran in irgendeiner Weise auffällig, merkwürdig, rätselhaft, überraschend problematisch, überraschend unproblematisch, unerwartet angenehm?

Bitte notieren Sie in Stichworten Ihre Beobachtungen – Sie werden merken, dass Sie die meisten Situationen besser verstehen werden, wenn Sie am Ende des Buches angekommen sind.
...

Wenn Sie noch keine eigenen Erfahrungen mit Russen gemacht haben, befragen Sie einfach Freunde oder Kollegen oder notieren Sie Erlebnisse mit Vertretern anderer Kulturen. Wichtig ist an dieser Stelle, dass Sie Dinge festhalten, die Ihnen auffallen – damit fangen Sie an, sich der eigenen kulturellen Programmierung bewusst zu werden.

8.4 Sich selbst verstehen

Das Schwierigste ist sicher, sich der eigenen kulturellen „Programmiertheit“ immer wieder bewusst zu werden, die eigenen Vorstellungen immer wieder zu relativieren. Es ist wirklich wichtig zu verstehen und auch zu akzeptieren, dass andere Menschen die Dinge anders sehen und sich entsprechend auch anders als Sie verhalten. Bedenken Sie, dass letztlich viele Wege nach Rom führen, nicht nur Ihr eigener.

Um es noch deutlicher zu sagen: Sie müssen grundsätzlich dazu bereit sein, von der eigenen Vorstellung manchmal abzusehen. Und Sie müssen auch mal eine andere als die gewohnte Art, ein Problem zu lösen oder eine Situation zu bewerten, akzeptieren. Sonst werden Sie in interkulturellen Zusammenhängen nicht erfolgreich sein. Oder wie es jemand einmal auf den Punkt brachte: „Wenn Sie davon überzeugt sind, dass Ihre Art zu managen, zu motivieren, Entscheidungen zu treffen, Besprechungen zu leiten usw. die beste ist, dann vermeiden Sie es, interkulturell zu arbeiten. Es würde eine schmerzhafte Erfahrung für alle Beteiligten sein, Sie selbst eingeschlossen.“[6)]

Bedeutet das aber nicht, die eigenen Werte ganz aufzugeben? Ist das eine Art wuschiger Multikulti-Relativismus? Nein, das bedeutet es nicht. Sie werden weiterhin eine Einstellung zu vielen Aspekten des Lebens haben, die sich von der Ihrer Projektpartner unterscheidet. Aber Sie werden sachlicher vorgehen, das Verhalten Ihres Gegenübers besser verstehen und entscheiden können, in welcher Situation welches Verhalten Ihrerseits sinnvoll ist, um ein bestimmtes Ziel zu erreichen.

---

6) *Laurent*, Keynote-Speech SIETAR-Kongress 2000, zitiert nach *Rothlauf* (2009), S. 22.

9. Chancen interkultureller Kooperation

Was ist denn nun mit den Chancen, von denen in der Werbung zu diesem Buch die Rede war? Bisher ging es doch wieder nur um Probleme. Aber damit wollen wir uns nicht zufriedengeben – sollte es nicht auch möglich sein, kulturelle Unterschiede zu nutzen, ein breiteres Spektrum an Problemlösungen in interkulturellen Teams zu generieren und das auch noch als persönliche Bereicherung zu empfinden? Wir meinen ja und werden in unserem Buch auch immer wieder darauf hinweisen.

Wir sehen die Sache so: Das Verhalten jedes Menschen ist im Großen und Ganzen auf seine Kultur abgestimmt: Es passt zu den Institutionen, den sozialen Regeln, der ganzen Umwelt, in der er sich befindet. Ganz genauso sieht es in jeder anderen Kultur aus: Auch da passt alles bestens zueinander.

Soweit, so gut. Wenn dann zwei Menschen aus verschiedenen Kulturen, nennen wir sie Olaf und Tatjana, gemeinsam ein Ergebnis erzielen wollen, dann bewegen sie sich damit automatisch aus ihrem jeweiligen Biotop heraus. Sie sind mit einer ganz anderen Umwelt einschließlich anderer Menschen konfrontiert, in der die Regeln ihrer eigenen Kultur unter Umständen nicht mehr das beste Ergebnis produzieren. Aber diese Kombination der unterschiedlichen Arten von Olaf und Tatjana, Probleme zu lösen, verdoppelt automatisch das Problemlösungsarsenal der beiden – und genau darin liegt die große Chance. Sie sind gemeinsam flexibler gegenüber Herausforderungen aller Art. Das funktioniert allerdings nur, solange Tatjana Olafs Ideen und Olaf Tatjanas Ideen nicht von vornherein als abwegig abwertet, sondern als eine interessante zusätzliche Option ansieht.

Nutzen Sie die Chance, die interkulturelle Zusammenarbeit bietet, und erweitern Sie Ihre Handlungsoptionen!

Außerdem wird daraus auch noch einmal deutlich: Es geht nicht darum, dass man sich in einer interkulturellen Zusammenarbeit der anderen Seite komplett anpasst, denn damit würde sich ja das Spektrum möglicher Verhaltensweisen wieder deutlich einschränken. Es wäre auch illusorisch zu glauben, man könne sich selbst kulturell „umprogrammieren". Wir bleiben wir selbst, aber eröffnen uns die Chance, gelegentlich gezielt anders zu handeln, als unsere mentale Programmierung uns das nahelegt.

Übrigens gilt es als erwiesen, dass heterogen zusammengesetzte Teams aller Art kreativere und innovativere Ergebnisse erzielen als homogene Gruppen. Von daher bietet jede interkulturelle Zusammenarbeit aus unserer Sicht die Chance, die eigenen Handlungsoptionen zu erweitern, flexibler, kreativer und sogar effektiver zu handeln. Wenn wir an die Stereotypen-Schubladen denken, bedeutet es für uns, dass auch wir aus unserer eigenen Schublade herauskrabbeln und unseren Aktionsradius vergrößern können. Also eine echte Chance, uns als Menschen und als Professionals weiterzuentwickeln.

10. Dos & Don’ts

1. Arbeiten Sie an Ihrer eigenen inneren Einstellung zu interkulturellen Unterschieden. Das Wichtigste dabei: Seien Sie offen gegenüber dem Fremdartigen!
2. Wenn Sie eine Verhaltensweise nicht gleich verstehen, dann bewerten Sie sie auch nicht. Versuchen Sie stattdessen, Gründe und Hintergründe zu entdecken.
3. Denken Sie daran, dass jeder Mensch letztlich ein Individuum ist – nicht alles kann mit dem Raster der Kulturdimensionen erklärt werden. Versuchen Sie deshalb, zwischen kulturellen und persönlichen Faktoren zu unterscheiden.
4. Am besten kommen Sie klar, wenn Sie innerlich die Sichtweise eines Forschers annehmen: Sammeln Sie interessante, aufschlussreiche und auch merkwürdige Erlebnisse und freuen Sie sich über jeden Fund!
5. Bewahren Sie einen inneren Abstand zum Geschehen und bleiben Sie gelassen, auch wenn es unübersichtlich oder emotional wird.
6. Sie werden viele Fehler machen, das ist normal und nicht zu ändern. Gestehen Sie sich das ruhig zu und nutzen Sie jeden Ihrer Fehler, um wieder etwas dazu zu lernen.
7. Suchen Sie den Kontakt mit Menschen aus der Kultur, für die Sie sich interessieren. Üben Sie das Miteinander und Ihr Verhalten bei jeder Gelegenheit.
8. Und vor allem: Denken Sie nicht, dass Ihre Art zu denken und zu handeln, die einzig richtige ist. Akzeptieren Sie, dass andere Menschen die Dinge ganz anders sehen und an Aufgaben ganz anders herangehen können als Sie!

B. Es lebe das Team!
Russischer Kollektivismus als Chance für erfolgreiche Projekte

Beispiel

Irina: Meine ersten Begegnungen mit Westdeutschen hatte ich noch während der Studienzeit in Moskau. Ohne Deutsch zu kennen und zu verstehen, nahm ich die Sprache „musikalisch“ wahr. Dabei fiel mir der Laut „ich“ auf. Im Russischen kommt das Wort „ich“ viel seltener vor: Entweder wird es geschluckt („rufe Dich später an“) oder durch „wir“ ersetzt. Sprache als Spiegel der Kultur?

1. Individualismus: Definition der Kulturdimension

Hofstede hat Unterschiede zwischen verschiedenen Kulturen mehrfach in großangelegten Befragungen untersucht, so auch die Kulturdimension Individualismus, zuletzt im Jahre 2010 (*Hofstede*). Diese Kulturdimension zeigt nach seiner Definition, inwieweit die Menschen sich um sich selbst und um ihre unmittelbare Familie kümmern. Ist der Wert hoch, ist der Individualismus stark ausgeprägt: Die individuellen Ziele dominieren gegenüber den Gruppenzielen, und das „Ich“-Gefühl ist wichtiger als das „Wir“-Gefühl. Auf der anderen Seite der Skala für diese Dimension liegt der Kollektivismus (als Kulturdimension, nicht als politischer Terminus).

Die Kulturdimension **Individualismus/Kollektivismus** beschreibt die relative Bedeutung des einzelnen Menschen und der Gruppen, zu denen er gehört.

Der deutsche Wert für diese Kulturdimension liegt bei 67 (ebenda), der für Russland erheblich niedriger – bei 39. Das heißt, dass die russische Kultur weniger individualistisch ist als die deutsche. Aber alles ist relativ. Der deutsche Wert 67 ist weit niedriger als der gemessene Individualismus der USA. Mit ihren 91 Punkten sind die Amerikaner die „Spitzen-Individualisten“ in der Welt.

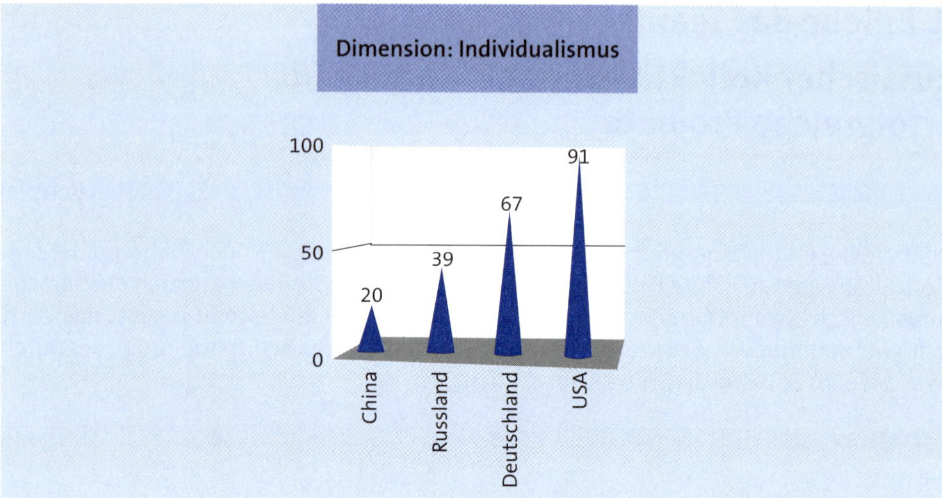

Interessant, dass der Abstand zwischen der deutschen und der amerikanischen Kultur fast so groß ist wie der Abstand zwischen der deutschen und der russischen Kultur. Das heißt, dass die Deutschen den US-Amerikanern ähnlich auffällig gruppenorientiert vorkommen wie die Russen den Deutschen. Und umgekehrt: Für russische Menschen erscheinen Deutsche als individualistisch, so wie wir die Amerikaner oft als besonders ichbezogen empfinden.

Ähnlich wie in der russischen Kultur ist der Kollektivismus in der Türkei (37) oder in den arabischen Staaten (38) ausgeprägt. Spitzenreiter beim Kollektivismus ist China mit 20 Punkten.

2. Russischer Kollektivismus

2.1 Die historischen Wurzeln des russischen Kollektivismus

Das dominierende Kollektivistische in der russischen Kultur und Mentalität wird oft auf die Sowjetzeit zurückgeführt. Das ist aber zu kurz gedacht, im wahrsten Sinne des Wortes. Denn die Wurzeln für diese kulturelle Eigenschaft liegen viel tiefer in der Geschichte und sind unter dem Stichwort **„Sobornost“** zu suchen (*Rothlauf*). So war über Jahrhunderte hinweg die gesellschaftliche Organisation die Dorfgemeinschaft.

Was bedeutet Sobornost?
Das Wort „Sobornost“ kommt von „Sobor“, was wörtlich sowohl die Kathedrale als auch die kirchliche Gemeinschaft bedeutet. Und „Sobornost“ bedeutet ursprünglich das Organisationsprinzip in der orthodoxen Kirche, wonach ein Synodalbeschluss vom Kirchenvolk gutgeheißen werden muss.

Verwandt ist das Wort „Sobor" mit „Sbor" – Zusammenkunft, Versammlung. Dieser Sobor war Jahrhunderte hinweg die zentrale Organisationsstruktur der vorwiegend bäuerlichen Bevölkerung Russlands. Zunächst gab es den gewählten Ältesten der Dorfgemeinde („Starosta"), später den feudalen Herrscher („Barin"), der wiederum oft die soziale Führung seiner Bauern an einen Starosta delegierte. Übrigens kam die Bezeichnung „Starosta" in der Sowjetzeit oft vor: Genauso hieß der Sprecher einer Schulklasse oder eines Studienganges an der Universität.

Die Hauptversammlung der russischen Dorfgemeinschaft war kaum an der Entscheidungsfindung beteiligt, vielmehr bildete sie ein Forum für die Verkündung, aber auch Erklärung der Entscheidungen von oben. Die Struktur überlebte den Feudalismus, der in Russland 1861 offiziell zur Ende ging. Die meisten ehemaligen Leibeigenen blieben mit ihrer Erde verbunden und somit der alten Struktur der Dorfgemeinschaft treu. Einige Wissenschaftler begründen dies mit dem rauen Klima Russlands und der kurzen Vegetationszeit. Das knapp bemessene landwirtschaftliche Zeitfenster war nur gemeinschaftlich zu bewältigen. Sicherlich spielte auch die „Leitkultur" der russisch-orthodoxen Kirche eine Rolle. Das Bild einer Herde, die sich einem Hirten im Himmel und einem Hirten auf der Erde ergibt, aber auch von beiden geschützt wird, prägte sowohl den kirchlichen als auch den weltlichen Gemeinschaftssinn in Russland.

Nach einem kurzen, mehr oder weniger demokratischen Intermezzo (von 1906 bis 1917) ging die alte Struktur in die neue über, die sozial-psychologisch gar nicht so neu war. Statt Dorfgemeinschaft mit Starosta gab es nun die Kolchose mit dem Direktor. Und für die ideologische Untermauerung sorgte nicht der Dorfpriester (Pope), sondern der Kommissar oder Parteivorsitzende.

2.2 Der russische Kollektivismus in der Praxis

Und was bedeutet das konkret? Sie haben in Russland immer mit einem Kollektiv zu tun, auch wenn Sie nur einen einzigen Gesprächspartner haben. Er mag Ihnen wie ein einsamer Wolf vorkommen, aber auch er wird den Zwängen seines Rudels unterstehen. Und das verhandelt im Hintergrund immer mit. Umso mehr gilt dies für das Verhandeln mit einem Unternehmen, bei dem es sich – trotz aller Hierarchien und Ungleichheiten – um eine Gruppe von Menschen handelt, die in der russischen Kultur viel mehr miteinander verbunden sind als in einem Team hierzulande.

Das ist nicht unbedingt ein Problem. Wir haben Deutsche und Franzosen gefragt, die mit russischen Menschen zusammenarbeiten oder gemeinsam studieren: Es zeigt sich eindeutig, dass sie ihre russischen Kollegen um ihr Gruppengefühl und ihre Teamarbeitsweise beneiden. Wenn überhaupt, haben deutsche Manager und Abgesandte der deutschen Firmen manchmal Probleme mit den alltäglichen Auswirkungen des ausgeprägten Kollektivismus ihrer russischen Mitarbeiter (mehr dazu später). Aber auch sonst gibt es Einiges, das Sie beachten sollten, um die Schätze zu heben, die in dieser teamorientierten Grundeinstellung liegen.

So wird Ihnen die Projektgruppe der russischen Seite oft zu groß vorkommen. „Wieso müssen sie immer zu fünft anreisen?", fragt eine Verbandsmitarbeiterin, die für Wirtschaftsbeziehungen mit Osteuropa zuständig ist. Die Antwort heißt: Sie müssen es einfach! Das erfordert die Arbeitsweise des russischen Unternehmens. Am Ende ist es gut für das gemeinsame Projekt – und für nachfolgende Projekte und Aufträge. Denn tief in jedem russischen Menschen sitzt die Überzeugung, die mit dem Sprichwort ausgedruckt wird: „Ein alter Freund ist besser als zwei neue". Und eine alte, eingespielte Gruppe ist besser als zwei neue.

Niemand von der russischen Seite wird einem deutschen Unternehmen vorwerfen, dass zum Gegenbesuch in Russland zu wenige Menschen kommen. Denn das entspricht dem russischen Stereotyp von den Deutschen: sachlich und effizient. Aber es stört die russischen Kollegen garantiert, wenn immer neue Leute dazu kommen und die alten abgezogen werden. Denn auch zwei Teams, das deutsche und das russische, bilden gemeinsam ein „Kollektiv". Dieses entwickelt mit der Zeit ein „Wir" und das muss möglichst stabil bleiben. Bitte berücksichtigen Sie dies unbedingt, wenn Sie Mitarbeiter für ein gemeinsames Projekt auswählen! Hier haben übrigens die deutschen Mittelständler einen Trumpf auf der Hand: Bei ihnen gibt es ohnehin weniger Rotation als bei großen Konzernen – zur Freude des russischen Geschäftspartners und zur Freude der russischen Teammitglieder. Auch beim Dolmetscher sollte es nicht zu viel „Bewegung" geben.

2.3 Russische Muttersprachler im deutschen Team

Oft hören wir die Frage, ob deutsche Firmen russische Muttersprachler bei der Personalauswahl vorziehen sollen, wenn es um Posten in deutsch-russischen Joint Ventures geht oder um einen Abgesandten des deutschen Unternehmens in die russische Produktionsstätte. Die Antwort lautet: Es ist vorteilhaft, aber nicht entscheidend. Die menschliche Komponente, die interkulturelle Kompetenz oder einfach Weltoffenheit, ist weit wichtiger als perfektes Russisch. Ein Phänomen, das manchmal bei neuen Emigranten aus der ehemaligen Sowjetunion vorkommt: Sie leugnen alles Russische an sich und verabscheuen alles Russische an den anderen. Was nützt dann Russisch als Muttersprache in Bewerbungsunterlagen? Andererseits registrieren russische Menschen es dankbar, wenn Sie sich bemühen, etwas Russisch zu sprechen und zu verstehen. Auch ohne einschlägige Erfolge wird dies immer mit Sympathie belohnt.

Übrigens: Bei aller Dominanz des Kollektiven im geschäftlichen und sozialen Leben von Russen – sie bedeutet nicht, dass die Gruppe **in sich** homogen sein muss. Paradoxerweise vertragen Menschen in Russland sehr gut schräge Individuen, Typen mit Macken oder einem persönlichen Markenzeichen. Aber diese bunte Truppe muss zueinanderfinden. Mit der Zeit wird eine solche Gruppe ihre eigenen Anekdoten haben, ihre eigenen Rituale, Scherze und Codes. Und so wird sie zu einer schlagfähigen Einheit, mit viel weniger Machtspielen und Konkurrenzkriegen als sie in einer Gruppe von westlichen Individualisten vorkommen.

3. Kollektive Rituale erkennen, anerkennen und mitentwickeln

Nun steht die Projektgruppe, bestehend aus den deutschen und den russischen Teams, fest. Diese bikulturelle Gruppe wird sich bei Arbeitsgruppensitzungen, gemeinsamer Projektplanung oder Produktion durch gemeinsames Handeln mit der Zeit entwickeln. Bevor es jedoch zum eigentlichen Arbeiten kommt, sollte sich diese Gruppe informell aufwärmen.

Ein Kick-off ist eine Notwendigkeit für ein deutsch-russisches Kooperationsteam.

Die konkrete Ausgestaltung ist eine Frage des Umfangs des geplanten Projekts und des Budgets. Es kann eine gemeinsame Städtereise sein, nicht unbedingt am Standort des jeweiligen Unternehmens; gerade ein „neutrales Territorium" kann positiv zu einer bikulturellen Teambildung beitragen. Besonders für einen Russen gilt: „Berlin ist immer eine Reise wert!" Es kann auch ein gemeinsamer Konzertbesuch oder eine Wanderung sein. Zwei wissenschaftliche Teams aus Sankt Petersburg und Berlin „kamen sich näher", als sie eine Woche in einem Sportcamp an der Ostsee verbrachten. Wichtig ist, dass man gemeinsam etwas erlebt, sich dabei kennenlernt und menschlich näher kommt.

Zeitverlust? Nein, Zeit**investition**! Investition in die erfolgreiche Zusammenarbeit eines deutsch-russischen Teams, das nur als eine zusammengeschweißte Gruppe erfolgreich sein kann. Dabei handelt es sich um eine Investition, die über Jahre hinweg gute Rendite verspricht.

3.1 Alle Jahre wieder: ein regelmäßiges Treffen

Was sich besonders in der Praxis bewährt hat, geht noch einen Schritt weiter. Bei allen langfristigen Projekten sollten regelmäßige Treffen installiert werden, gleichgültig, ob es sich um ein Joint-Venture, eine mehrjährige Geschäftsbeziehung oder ein wissenschaftliches Projekt handelt. Auf die Bedeutung solcher Treffen für die Zeitstruktur und die Planungssicherheit eines Projekts kommen wir im Kapitel F zu sprechen, das sich mit dem unterschiedlich wahrgenommenen Zeitbegriff auf deutscher und russischer Seite befasst. Aber auch für die Teambildung ist ein solches regelmäßiges Treffen von entscheidender Bedeutung. Die Gruppe bekommt ihre Tradition, ihre gemeinsame Geschichte, ihre Identität als Kollektiv. So gewinnen Sie das russische Team und jedes Teammitglied für sich und für Ihr Unternehmen.

Man arbeitet zusammen und darf zusammen feiern – man sollte aber auch zusammen lernen. Das gemeinsame Lernen ist nicht nur für die Teambildung wichtig. Von russischen Partnern deutscher Firmen hören wir immer wieder, dass die deutschen

Kollegen als arrogant und besserwisserisch empfunden werden. Auch wenn das ein Stereotyp ist, das auf Sie nicht zutrifft, lohnt es sich, diesem entgegenzuwirken und zu sagen: „Kommt, wir Deutsche müssen auch viel lernen, lasst uns das zusammen tun!“ Dafür bieten sich Fachthemen aus Nebenbereichen an, zu denen beide Seiten viel Neues und Nützliches erfahren können. Es können auch Themen sein, die mit dem eigentlichen Projekt nichts zu tun haben, zum Beispiel die deutsch-russische Interaktion in Kunst und Musik.

Noch besser ist ein Workshop zur interkulturellen Kommunikation, mit einem Impulsvortrag eines externen Fachmanns und einer moderierten Diskussion oder einem Rollenspiel. Dafür werben wir nicht nur als potentielle Auftragnehmer, sondern weil speziell dieses Thema beide Seiten und die Gruppe als Ganzes weiter bringt und keiner dem anderen voraus ist – ein perfektes Gruppenerlebnis.

3.2 Essen als Gruppenerlebnis

Das zentrale Instrument der Teambildung in der deutsch-russischen Zusammenarbeit ist schließlich etwas viel Einfacheres: das gemeinsame Essen. Ob sich ein „Team“ aus zwei Topmanagern im Separee eines schicken Moskauer Restaurants trifft oder ein Expertenteam sich auf dem Weg zur Produktionsanlage ein gemeinsames Businessfrühstück leistet oder ob sich die Austauschstudenten zu einem Picknick treffen, spielt nicht die entscheidende Rolle.

> Wichtig ist: Es sind alles Menschen, die gemeinsam das Essen, die Gesellschaft und Geselligkeit genießen. Nicht als Geschäftspartner, sondern als Geschäftsfreunde.

Investieren Sie also Zeit, zeigen Sie sich großzügig. Und neugierig: Sollte das Geschäftsessen in Russland stattfinden, äußern Sie den Wunsch, russisch Essen zu gehen. Lassen Sie sich die typischen Speisen erklären und nehmen Sie sich Zeit für den Vortrag Ihres Projektpartners über verschiedene Wodka-Sorten. Es ist nicht so trivial, aber wichtig als teambildende Maßnahme, ebenso wie der damit verbundene praktische Teil.

3.3 Wodka

Und so kommen wir zur Frage Nummer eins in Seminaren, Beratungen und auch Dienstreise-Anekdoten über Russland:

Muss man (= deutscher Mann) Wodka mittrinken und wenn ja, wie und wie viel?

Das Wichtigste vorweg: Wenn Sie wegen religiöser Überzeugungen oder gesundheitlicher Probleme keinen Alkohol vertragen, geben Sie es möglichst früh kund, ohne ins Detail zu gehen. Das wird akzeptiert und ohne viel Aufhebens berücksichtigt. Übrigens, was oft in Deutschland ignoriert wird: Unter den Menschen, die in Russland und der GUS leben, gibt es viele gläubige Muslime, etwa in Tatarstan im Kaukasus, aber auch in Moskau und anderen Regionen. Auch sie wollen dezent alkoholfrei bedient werden, ohne die Witze über „richtige Russen", die permanent saufen und doch nüchtern bleiben. Diese Witze lieben übrigens auch die russischen Menschen nicht, die Alkohol genießen. Vor allem nicht aus dem Munde von angetrunkenen Deutschen! Und da wären wir wieder beim Thema: Wenn Sie Alkohol trinken können, tun Sie das, aber in Maßen.

Wenn Sie weniger trinken möchten: Unabdingbar sind Trinken und Austrinken bei der ersten Tischrede und bei der letzten Trinkrunde. Alle Trinkgänge dazwischen können rein symbolisch, mit Nippen am Glas, mitgemacht werden. Aber immer gilt: Der Trinkspruch ist wichtiger als das Trinken selbst. Dem sollte man aufmerksam folgen, dabei das Glas in der Hand halten und nicht absetzen, egal wie lang die Rede ist. Es ist ratsam, selber einen Trinkspruch oder eventuell eine kurze Rede vorzubereiten, z. B. mit einer Anekdote oder ein bis zwei Sprichwörtern. Die Rede sollte sich an die Gemeinschaft richten und diese auch besonders betonen und würdigen. Vor allem darf und soll die Ansprache emotional sein.

Beispiele

Diese Trinksprüche kamen bei einer Tischrunde gut an:
„Vor einem Jahr war ich in der Türkei und habe in einem Straßenlokal das Fußballspiel zwischen Russland und Deutschland im Fernsehen verfolgt. In diesem Lokal gab es zwei Fernseher, einen mit russischem Programm und einen mit dem deutschen Programm. Und so saßen die Restaurantgäste getrennt voneinander und nur die Hälfte konnte am Ende des Spiels ausgelassen feiern. Ich weiß nicht mehr, wer gewonnen hat *(Lachen im Saal, es war Deutschland)*, aber ich wünsche mir, dass wir alle das nächste deutsch-russische Spiel zusammen anschauen, und dann können wir immer feiern: egal wer der Sieger ist!"

„Ich bin zum ersten Mal in Kaluga. Zunächst bin ich drei Stunden mit dem Zug nach Frankfurt gefahren, dann drei Stunden mit dem Flugzeug nach Moskau, und dann noch drei Stunden mit dem Zug hierher. Das war eine wunderbare Fahrt, die mich – muss ich zugeben – auch ein wenig beängstigt hat: So weit liegen unsere Standorte voneinander entfernt, dachte ich mir. So viele Kilometer trennen uns! Aber wenn ich jetzt in die Runde schaue, fühle ich mich wie zuhause und möchte mit Ihnen darauf trinken, dass unsere Zusammenarbeit die Entfernung zwischen den Standorten in Russland und in Deutschland – bei gleichbleibender Kilometerzahl – immer kleiner macht!"

Statt Wodka wird in Russland immer öfter Wein, Bier, als Aperitif Sekt und als Digestif Cognac angeboten. Aber Wodka bleibt Wodka, das national typische Getränk für Russland. Wodka passt zum Essen, passt zum Klima, und wenn er von guter Qualität ist, ist er nicht ungesund. Es gibt spezielle Rituale, wie Wodka getrunken wird und was und wie dazu gegessen wird, sogar die Atemtechnik ist geregelt. Lassen Sie sich das erklären, die russische Gruppe wird sich freuen und Sie als Mitglied aufnehmen. Und darum geht es ja beim gemeinsamen Mahl: um die Gemeinschaft.

3.4 Tanzen

In Russland, insbesondere in der Provinz, kann Sie außer dem gemeinsamen Trinken eine weitere Herausforderung erwarten: das Tanzen im Restaurant. Erschrecken Sie sich nicht, wenn ganz plötzlich laute Musik in Ihr Gespräch hineinplatzt und wenn Ihre Tischgenossen die Gespräche schnell beenden und zu zweit oder als Gruppe in den Tanz stürzen. Es hat sich als sehr empfehlenswert erwiesen mitzumachen. Denken Sie daran, dass die Russen die Deutschen generell als sachlich orientiert bis langweilig und verkrampft sehen. Zeigen Sie sich anders. Punkten Sie damit. Ob Sie tanzen können oder nicht – die Gruppe wird es würdigen. Diesen – zugegeben ungewöhnlichen – Rat haben schon einige deutsche Manager und Experten befolgt, weibliche und männliche. Ihr Feedback ist bis jetzt einstimmig positiv bis begeistert.

3.5 Sauna

Als Kür im Bereich der Teambildung im deutsch-russischen Dialog kann wahrhaftig der Besuch der russischen Sauna, „Banja“, bezeichnet werden. Streng genommen ist es ein Dampfbad, bei dem die hohen Temperaturen der finnischen Sauna mit der hohen Feuchtigkeit des türkischen Hamam kombiniert werden. Und somit kann die Banja als ein typisch russisches Phänomen gelten: alles extrem. Wenn arbeiten, dann „awralom“, heftig, im Akkord, bis zur Erschöpfung. Wenn feiern, dann „volle Pulle“, bis zur Selbstvergessenheit. Wenn „paritsja“, auf überhitztem Steinofen im Dampfbad aufgießen, dann genüsslich und so großzügig, dass einem der Atem stockt.

Darüber hinaus steht die Banja für die russische Verbundenheit mit der Natur. Am liebsten geht man in Russland in eine Sauna, die als Einzelgebäude am Fluss steht, sodass man (und frau!) nach dem extrem heißen Dampfbad in das kalte Flusswasser springt oder sich alternativ im tiefen Schnee vergräbt. Aber auch in einer kultivierten Banja in der Stadt, wie z. B. in „Sanduny“ in Moskau, die noch Puschkin regelmäßig besucht hat, nimmt man einen Strauß aus Birken- oder Eichenzweigen („Wenik“) mit und schlägt sich und seine Freunde damit. Als Massage mit ätherischen Ölen und Garant für gute Gesundheit und gutes Wohlbefinden überhaupt. Das Sprichwort „Im gesunden Körper ist ein gesunder Geist“, das in Russland oft zu hören ist, kann als Überschrift für jeden Banja-Besuch dienen.

Banja ist das ultimative Gruppenerlebnis. Normalerweise hat ein russischer Banja-Fan eine feste Gesellschaft, mit der er oder sie wöchentlich zu einer festen Zeit eine ganz bestimmte Banja aufsucht und dieses Fest für Körper und Seele gemeinsam zelebriert. Mit bestimmten Ritualen und mit Verabredungen, wer Tee mitbringt, wer Honig und wer den Wenik. Es gilt, dass es einem mehr bringt, seinen Kompagnon mit diesem

Strauß zu bearbeiten, als sich selbst von anderen verwöhnen zu lassen. Im Dampfbad wird in der Regel nicht geredet, um die anderen beim Dampfgenuss nicht zu stören. Dafür umso mehr zwischen den Gängen im Dampfraum bei Tee oder Bier. Wenn Sie als ausländischer Gast in eine Banja eingeladen werden, sollten Sie diese Chance eines gemeinsamen Erlebnisses nicht ausschlagen, auch auf das Risiko hin, dass das Erlebnis zu einem interkulturellen Abenteuer wird.

Um sich körperlich und mental besser darauf vorzubereiten, empfiehlt sich der Besuch einer Banja in Deutschland. Mittlerweile gibt es hierzulande einige recht authentische russische Dampfbäder in Nürnberg, Köln, Leipzig und natürlich in Berlin.

3.6 „Delu wremja, poteche tschas!“ oder Rituale im Verhandeln

Ob Sie es glauben oder nicht, dieses weitverbreitete russische Sprichwort empfiehlt, dem Geschäft, dem Arbeiten mehr Zeit zu widmen als dem Vergnügen: „Dem Geschäft die Zeit, dem Vergnügen eine Stunde.“ Das erinnert an das deutsche Motto: „Erst die Arbeit, dann das Vergnügen.“ In der russischen Variante ist die Reihenfolge dieselbe (1. Geschäft, 2. Vergnügen), dazu wird sogar noch empfohlen, mehr zu arbeiten als sich zu vergnügen. Aber auch das Arbeiten ist in Russland durch das Kollektiv geprägt.

Das Gemeinschaftsgefühl wird aus dem Rahmenprogramm in die Meetings mitgenommen. Sprachlich: Das Wort **„wir“** soll dominieren. Physisch: Statt einen langen Powerpoint-Vortrag zu halten, präsentieren Sie Ihre Position lieber am Flipchart und laden Sie Ihre russischen Kollegen oder Verhandlungspartner dazu ein, ihre Meinung auch darauf darzustellen. Dieses „Zusammenhocken“, eine gemeinsame Grafik erstellen, bringt Russen und Deutsche oft auch inhaltlich näher zueinander.

Die klassischen Verhandlungen werden oft an langen Tischen durchgeführt, wobei beide Parteien sich gegenübersitzen. Versuchen Sie, diese Front-Sitzordnung zu brechen, als Kompromiss durch einen ovalen Tisch, aber am besten durch einen runden Tisch.

> Dies ist besonders in Geschäftsgesprächen mit russischen Menschen wichtig: Statt zwei Gruppen, die sich gegenüberstehen, sollte es **eine** Gruppe sein, deren Mitglieder zunächst unterschiedliche Vorstellungen haben.

Nehmen sich alle Teilnehmer als eine Gruppe wahr, die zusammen schuftet, ist das schon die halbe Miete für den Erfolg der Verhandlung.

Keiner der russischen Teilnehmer darf sein Gesicht im Gespräch verlieren, denn das bedeutet, dass die ganze Gruppe ihr Gesicht verloren hat. Kritisieren Sie nicht direkt. Benutzen Sie lieber „ja, aber“ in aller Ausführlichkeit. Lassen Sie die russische Seite ihre Ideen vortragen, egal wie ineffizient oder „schräg“ sie Ihnen erscheinen.

Andererseits sind die deutschen Teilnehmer manchmal perplex und beleidigt, wenn sie bei ihrem Vortrag von russischen Teilnehmern ständig unterbrochen werden. Natürlich es ist unangenehm und störend, einen Gedanken oder gar einen Satz nicht zu Ende bringen zu können. Nehmen Sie es aber nicht persönlich, es ist nicht mangelnder Respekt vor Ihren Gedanken. Auch ein Gespräch ist in Russland ein Gruppenerlebnis. Was Sie als „ins Wort fallen" erleben, ist für russische Menschen eine lebhafte Diskussion, die eben von vielen lebhaften Beiträgen lebt. Auch wenn das letzte Wort dem ranghöchsten Teilnehmer vorbehalten ist. Denn auch er ist Teil der Gruppe und nimmt unmerklich die Signale seiner „Schäfchen" wahr.

Beispiel

Marina K., Finanzchefin eines russischen KMU: Unser Chef zieht gern irgendwann mitten in der Verhandlung eine „Zwischenbilanz" mit seinen Leuten und erörtert dann mit ihnen seine Strategie für den Rest der Verhandlung. Am Anfang fand ich das sehr unhöflich unseren Verhandlungspartnern gegenüber, ich merkte auch, dass besonders bei den amerikanischen Verhandlungsteilnehmern diese Praxis auf Unverständnis stößt. Später habe ich selber solche Time-outs angewandt, allein schon wegen der möglichen sprachlichen Probleme meiner russischen Kollegen, die mit dem Englisch der native speakers nicht mitkamen und das in der großen Runde nicht zugeben wollten.

Eine separate Beratung zwischen den russischen Teilnehmern ist nicht ungewöhnlich. Eine solche „Separierung" können wir Ihnen aber nur als Notlösung empfehlen. Versuchen Sie es lieber mit einer Besprechung zwischen deutschen und russischen Spezialisten auf einem Gebiet: Eine gemeinsame Lösung für ein Teilproblem sollten die deutschen und russischen Juristen oder Ingenieure untereinander erarbeiten und dann gemeinsam der gesamten Runde vortragen.

Ein sichtbares Zeichen für die Wandlung von zwei Gruppen in eine kann das Ritual des Händeschüttelns am Ende einer Verhandlung oder Fachgesprächs sein. Russische Menschen sind eher sparsam mit dem Handschlag beim Kennenlernen. Wenn die Runde groß ist, wird zur Begrüßung schon mal nur mit dem Kopf genickt. Die Visitenkarten werden in der Regel am Anfang des Gesprächs ausgetauscht, aber auch das ohne Körperkontakt. Versuchen Sie dabei, wenigstens Blickkontakt zu bekommen. Wenn die Verhandlung – mit allen ihren Höhen und Tiefen – vorbei ist und die Gruppe dabei zusammengeschweißt wurde, verabschieden sich die Russen umso herzlicher und umso körperlicher: Alle schütteln sich kräftig die Hände, Männer klopfen einander auf die Schulter, Frauen umarmen sich. Übrigens, ein solches Ende einer Verhandlung, egal wie dramatisch das Gespräch zwischendurch verlief, erhöht die Wahrscheinlichkeit, dass im Gesprächsprotokoll tatsächlich das steht, was vereinbart wurde. Es kommt schon vor, dass beim Protokollschreiben die nächsthöhere Instanz gern ihren eigenen Senf dazugibt.

Wenn es Ihnen aber gelingt, mit den russischen Teilnehmern eine Gruppe zu bilden, werden sie mit hoher Wahrscheinlichkeit die Interessen der gesamten Gruppe verteidigen, also auch Ihre.

4. Chef sein und ein russisches Team als Kollektiv führen

Vom Verhältnis zwischen Hierarchiestufen, das sich zwischen Deutschland und Russland sehr unterscheidet, wird im nächsten Kapitel die Rede sein. Hier konzentrieren wir uns zunächst auf das Führen einer Gruppe. Und das Führen einer Gruppe in Russland heißt zunächst: Lass die Gruppe eine echte Gruppe sein!

Beispiel

Ein deutscher Architekt, der eine Projektführung in Russland übernommen hatte, war gestört über das – wie es ihm schien – „sinnlose stundenlange Gelaber" in der Büroküche. Vor allem war er von den russischen Männern mit Hochschulabschluss enttäuscht, die am „Quasseln" aktiv teilnahmen. Nach einem interkulturellen Coaching stellte er aber fest, dass ihn die Gruppenrituale so sehr störten, weil er sie mit einem unproduktiven sozialistischen Arbeitsstil assoziierte. Außerdem bemerkte er mit der Zeit, dass es im russischen Team viel weniger Reibungsverluste gab als in seinem Stammhaus in Deutschland. „Es reichte, mich mit dem Gesamtteam zu verständigen, ich musste nicht permanent Streithähne besänftigen."

Jedes Mal, wenn Sie das „Unnütz-Gelaber" Ihrer russischen Mitarbeiter stört, denken Sie an – Delfine. Diese Tiere sind sympathisch und als ausgesprochen gruppenorientiert bekannt. In seinem Buch „Von Bienen und Leitwölfen" empfiehlt *Matthias Nöllke* allen Führungskräften, etwas Geduld bei der Teambildung mitzubringen: „Die Delfine liegen stundenlang schnatternd in einer stillen Bucht, ehe sie sich entschließen, beispielweise zu jagen. Solche Einstimmungsprozesse können dauern und werden häufig als „reine Zeitverschwendung" beklagt. Doch das kann sich als folgenschwerer Irrtum herausstellen. Wenn sich das Team nicht genügend auf eine gemeinsame Aufgabe eingestimmt hat, dann können in der Folge die Dinge durcheinandergeraten und einzelne Teammitglieder desorientiert sein oder sich absetzen. Noch bevor die eigentliche Arbeit beginnt, sollten sich daher die Teammitglieder zusammensetzen, um sich einzustimmen und mögliche Unklarheiten aus dem Weg räumen. So viel Zeit müssen Sie sich nehmen" (*Nöllke*).

Das gilt vor allem für den Leiter eines russischen oder russisch-deutschen Teams. Andererseits haben Sie als Chef eines russischen Teams einen Vorteil dem Chef eines deutschen Teams gegenüber: Sie müssen ja an dem kollektiven „Beschnuppern und sich Einstimmen" nicht teilnehmen. Sie müssen kein Teil dieser Gruppe sein; der komplizierte Balanceakt zwischen dem Kumpel und dem Boss ist hier nicht gefragt. Es reicht, wenn Sie die Gruppe bei ihrer Bildung einfach nicht stören. Hocken Sie nicht mit in der Küche, das wird als Kontrolle bewertet, verlassen Sie die Geburtstagsrunde rechtzeitig, damit die Mitarbeiter noch ungezwungen miteinander reden können. Das Einzige, wobei Sie sich der Gruppe anschließen können und sollten, ist: Sport. Führen Sie nach Möglichkeit Betriebssport ein. Das wird dankend angenommen und gibt Ihnen die Gelegenheit, nicht nur als großzügiger Wohltäter zu punkten (so viel kostet es ja auch nicht!), sondern selbst ein Mitglied der Gruppe zu werden, ohne die Gruppendynamik als Vorgesetzter zu gefährden. Sie sind dann eben einfach ein Yogi oder ein Fußballspieler. Besonders Mannschaftssportarten bieten sich hierfür besonders an.

Ansonsten gelten auch für Sie als Chef die Teambildungstipps, die wir oben beschrieben haben:

Legen Sie den Schwerpunkt auf Fachthemen, besuchen Sie Ihre Produktionsstätte in Deutschland, lassen Sie die deutschen und russischen Teams, die auf ähnlichen Fachgebieten arbeiten, zusammen lernen.

Und: Fassen Sie die russische Gruppe großzügig. Spalten Sie diese nach Möglichkeit nicht in Kollegen, „die reisen dürfen“ und „die bleiben müssen“. Das wird manchen russischen Kollegen an die Zweiklassengesellschaft zu Sowjetzeiten erinnern, Sie als „Obermacht“ bestimmt nicht beliebter machen und – was viel schlimmer ist – die Gruppe, das Team zerstören. Umgekehrt können Sie durch den Fachbesuch einer großen russischen „Delegation“ nicht nur die Menschen aus zwei verschiedenen nationalen Kulturen und auch Organisationskulturen näher zueinander bringen, sondern das russische Team als solches festigen und für sich gewinnen.

5. Der Abgesandte: Botschafter und Teammitglied zugleich

Fast alle Hinweise für den Chef eines russischen Teams gelten auch für einen Experten oder Fachmann, der von der deutschen Muttergesellschaft nach Russland abgesandt wird. Denn aufgrund seiner Distanz als Ausländer und als Vertreter der Muttergesellschaft wird er von der Gruppe vor Ort mit Argwohn und Vorsicht beobachtet und wird auf keinen Fall auf Anhieb in das Team aufgenommen.

Sie müssen das Vertrauen der Gruppe erst einmal verdienen. Und das können Sie nach dem Vorbild eines jeden Abgesandten tun, zum Beispiel eines Botschafters.

Versuchen Sie sich in der Rolle des Brückenbauers zwischen der Zentrale und der Einheit vor Ort, seien Sie ein interkultureller Übersetzer zwischen dem deutschen und dem russischen Team.

Aus der Praxis wissen wir, dass die wichtigste Funktion der interkulturellen Schnittstelle zwar bei dem Expatriat liegt, aber manchmal für ihn selbst anstrengend sein kann: Anstatt eine Brücke gebaut zu haben, sitzt er am Ende heftig rudernd zwischen den Ufern. Dabei hilft nur eins: Die interkulturelle Grenze zwischen deutschen und russischen Kollegen zu „verwischen“. Aus dem Team der russischen Juristen, die sich den deutschen Juristen gegenüberstellen und von ihnen eine Vermittlung erwarten, kann eine Juristengruppe entstehen, eine deutsch-russische Fachmannschaft. Dafür lohnt es sich, eine persönliche Begegnung in Gruppen durchzuführen, die, wie schon beschrieben, zusammen lernen, zusammen arbeiten und auch feiern. Überhaupt sollten Zielgruppen für teambildende Maßnahmen nicht zu eng gefasst werden. Lassen Sie die deutschen Marketingleute mit russischen Produktentwicklern zusammenhocken, lassen Sie die deutschen Steuerspezialisten sich mit Buchhaltern in Russland ausgiebig austauschen und persönlich kennenlernen, lassen Sie die PR-Kollegen aus der Zentrale mit einem russischen Geologenteam eine Woche lang arbeiten. Fassen Sie die miteinander arbeitenden Gruppen breiter zusammen: Von der typisch russischen Verantwortung der Gruppe gegenüber profitieren dann die Prozesse an den Schnittstellen. Die deutschen Kollegen werden von dem kollektiven Geist in der Regel positiv beeindruckt sein und werden sich in Zukunft weniger an diesem „russischen Kollektiv" reiben.

Idealerweise kommen die verbindenden interkulturellen Impulse von oben. Und wenn nicht, ist es Ihre Aufgabe, das Topmanagement in Deutschland interkulturell zu sensibilisieren. Und gerade im Hinblick auf Teamgeist und Zusammenhalt kann man Sympathie bei dem deutschen Topmanagement für die russischen Organisationseinheiten wecken. In diesem Zusammenhang sei die sprachliche Vorbereitung eines Auslandseinsatzes erwähnt. Denn an der Bereitschaft Ihres Managements, die Kosten für den Sprachkurs zu übernehmen, werden Sie sehen, wie wichtig es dem Unternehmen ist, Ihren Auslandseinsatz mit dem notwendigen Know-how auszustatten. Ein länderspezifisches Training ist ebenfalls notwendig, kann aber relativ kurz vor dem eigentlichen Einsatz erfolgen. Die Sprache zu erlernen, sollte möglichst früh beginnen: Es erfordert viel Zeit und ist der Schlüssel zum Verständnis einer Kultur.

Die bei den großen internationalen Firmen üblichen „Look-and-See"-Trips sind auch für kleinere Unternehmen in unseren Augen ein Muss. Sie bereiten nicht nur die Familie des Abgesandten auf die Zeit im Zielland vor, sondern bringen darüber hinaus den Abgesandten selbst mit der Gruppe zusammen, in die er sich später integrieren oder mit der er zumindest kooperieren muss. Und die Familie ist dabei auf keinen Fall ein störender Faktor: Das Kennenlernen auf der persönlichen Ebene wird das Willkommen seitens der russischen Gruppe beflügeln.

6. Individualismus versus Kollektivismus: veränderbar mit der Zeit?

Wir haben zu Beginn dieses Kapitels gesehen, dass die starke kollektivistische Komponente in der russischen Kultur nicht erst durch die Sowjetmacht entstand. Vielmehr war die Sowjetstruktur besonders erfolgreich in Russland, da sie zu der historisch gewachsenen sozialen Struktur passte. Dass die kollektivistische Komponente so tief in der Geschichte verwurzelt ist, ist wichtig bei der Beantwortung der Frage, ob sich diese Kulturdimension mit der Zeit verändern wird.

Sicherlich haben der Schock der neuen Staatsordnung und der Turbokapitalismus der ersten Jahre nach dem Zerfall der Sowjetunion Spuren in der Mentalität hinterlassen.

Trotzdem bleibt das „Wir" für einen russischen Menschen viel wichtiger als das „Ich". Übrigens lagen die russischen Werte für die Dimension „Individualismus" im Jahre 2002 sogar etwas höher als in 2010: 47 und 39 respektive. Auch in Zukunft wird das Kollektivistische in der russischen Mentalität überwiegen und sich von dem Individualismus Westeuropas unterscheiden. Eine Bewegung der Kulturen aufeinander zu kann deshalb wohl eher von der westlichen Seite her erfolgen.

Kultur als Eisberg

Die Trägheit der Kultur als einer „mentalen Programmierung" (*Hofstede*) kann mit dem Bild eines Eisbergs verdeutlicht werden: Der kleinere Teil, der über der Wasseroberfläche liegt, steht für die sichtbaren Eigenschaften einer Kultur, wie z. B. Gestik oder Kleidung. Aber der größte Teil des Eisbergs also einer Kultur liegt unter dem Wasser: Normen, Vorstellungen, Geschichte. Wenn nun zwei Eisberge kollidieren, tun sie es in der Regel unter dem Wasser; wenn zwei Nationalkulturen in Konflikt geraten, passiert es in der Regel in dem unsichtbaren Bereich.

Der Vergleich der Kultur mit einem Eisberg hilft auch, die Frage zu beantworten: Wie verändert sich eine Kultur mit der Zeit, mit Veränderungen der Rahmenbedingungen, der Umwelt? Wenn auf einen Eisberg die Sonne scheint, dann schmilzt er zunächst an der Oberfläche. Die Menschen kleiden sich anders, sprechen anders, verändern ihre Statussymbole. Die unsichtbaren Eigenschaften einer Kultur verändern sich – wenn überhaupt – sehr langsam. Je tiefer sie liegen, umso träger reagieren sie auf die Veränderungen in der Umwelt.

In diesem Kapitel ging es viel um die angenehmen Seiten des Lebens, vielleicht mehr als Sie erwartet hatten. Wir hören Sie schon fragen: Wird denn da nie richtig gearbeitet? Aber es ist eben so, dass die Kulturdimension des Kollektivismus hauptsächlich Auswirkungen in diesem zwischenmenschlichen Bereich hat – auf die „arbeitsintensiveren" Aspekte der Kultur kommen wir noch ausführlich zu sprechen.

7. Dos & Don'ts

1. Stellen Sie nie ein Teammitglied bloß, damit treffen Sie die ganze Gruppe.
2. Lassen Sie die Gruppe zueinanderfinden, ob im Small Talk vor dem eigentlichen Meeting, ob in einem Sportlager vor dem Start des Forschungsprojektes oder in der Kaffeeküche. Das ist kein Zeitverlust, das ist Zeitinvestition in eine funktionierende Gruppe und in die Funktionsfähigkeit eines jeden Mitglieds dieser Gruppe.
3. Lassen Sie kollektive Rituale zu und nehmen Sie grundsätzlich daran teil: Gemeinschaftssport, Banja, Trinkspruchrunde, Tanzen, Singen.
4. Stellen Sie sich darauf ein, dass die russischen Delegationen größer sind als die deutschen. Nehmen Sie das nicht als Ressourcen-Verschwendung, sondern als Chance wahr, durch die vielen Menschen des russischen Teams, einen großen Partner für sich zu gewinnen. Beschenken Sie alle Ihre Gäste, auch die „unwichtigen".
5. Versuchen Sie nach Möglichkeit, Ihre Projektteams stabil zu halten und so den langfristigen Aufbau von Beziehungen zu ermöglichen.
6. Ein russischsprachiger Mitarbeiter als Mitglied des deutschen Teams ist grundsätzlich empfehlenswert, aber nicht unbedingt besser als ein „Russenversteher" deutscher Herkunft: Empathie und Weltoffenheit wiegen mehr als nur Sprachkenntnisse.
7. Ein reguläres Treffen mit Ihrem russischen Geschäftspartner schafft eine Tradition und eine Struktur für Aufbau und Verfestigung einer persönlichen Bindung (und damit für den Einsatz des **P-Ass**!) jenseits des täglichen Geschäfts.
8. Ein Geschäftsessen ist mehr als zusammen zu speisen, es geht um das Zusammensein. Getrunken wird dabei, um einen schönen Trinkspruch ausbringen zu können. Sie müssen keine alkoholischen Getränke zu sich nehmen, aber wenn Sie es können – sollten Sie. Als Gastgeber sollten Sie daran denken, dass Ihre Geschäftspartner aus Russland oder der GUS vielleicht aus religiösen Gründen keinen Alkohol zu sich nehmen.

C. Herrscher, Chefs, Gefolge, Team
Hierarchie und Machtdistanz in Deutschland und Russland im Vergleich

Beispiel

Ein deutscher Manager, der schon einige Jahre mit einem russischen Unternehmen zusammenarbeitet, entscheidet sich, Russisch zu lernen. Schon bald fängt er an, das Gespräch zwischen seinem russischen Gegenüber und dessen engstem Vertrauten in etwa zu verstehen, noch bevor es vom Dolmetscher übersetzt wird. Mit Erstaunen stellt er fest, dass der ranghöhere Manager seinen jüngeren Kollegen duzt, letzterer wiederum seinen Vorgesetzten siezt. Und zwar nicht einfach Herr Soundso, sondern mit Vornamen und Vatersnamen, was die formellste Form des Siezens im Russischen ist. Er versteht die Welt nicht mehr: Der sympathische, aufgeschlossene Managerkollege aus dem Osten entpuppt sich als hochnäsiger Feudaler! Oder hat sein Russisch versagt?

1. Machtdistanz nach Hofstede

Diese Situation ist sehr realistisch und illustriert durch den Sprachgebrauch das brisanteste Spannungsfeld zwischen der russischen und der deutschen Kultur: Hierarchieverständnis und Hierarchieakzeptanz. *Hofstede* definierte die erste von seinen fünf Dimensionen als Power Distance Index (PDI).

Bei der Kulturdimension der **Machtdistanz** geht es um das Verhältnis zwischen den mächtigeren und weniger mächtigen Mitgliedern einer Gruppe, sei es die Gesellschaft insgesamt, eine Familie, eine Mannschaft, Belegschaft oder ein Team.

Hofstede definiert die Machtdistanz aus der Perspektive der weniger mächtigen Mitglieder, von unten nach oben: Je höher der Wert von 0 bis 100, umso leichter akzeptieren die weniger mächtigen Mitglieder einer Organisation ihre niedrigere Position und die Ungleichheit als solche. Und umso mehr zeigen die Oberen ihre Überlegenheit. Andererseits geht es auch um die Verantwortung und Unterstützung, die die weniger mächtigen Mitglieder einer Organisation oder Gruppe von ihren „Obersten" erwarten.

Den niedrigsten Wert in dieser Kulturdimension zeigt Israel mit einem Wert von 13 (*Hofstede*). In der „goldenen Mitte" liegt mit 50 Punkten Italien. Für Deutschland liegt der Power Distance Index im unteren Drittel der Skala, bei 35. Im oberen Mittelfeld, d. h. schon mit ausgesprochener starker Machtdistanz, liegt mit 80 Punkten China, und Russland erreicht mit 93 gemessenem PDI fast den maximalen Wert, der allerdings den Malaysiern vorbehalten bleibt.

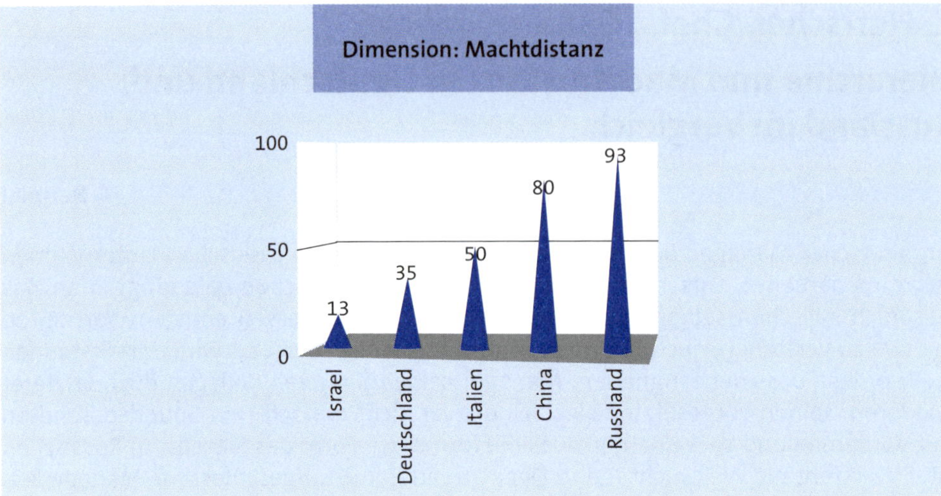

Wie bei jedem Wert der Kulturdimensionen ist nicht die exakte Zahl von Bedeutung, denn sie kann je nach Umfrage variieren, sondern die Tendenz, hoch oder niedrig, und vor allem der Vergleich der Werte für ein interkulturelles „Länder-Paar". Für Deutschland ist der Wert relativ niedrig, für Russland einer der höchsten und nah am Maximum. Zwischen den Werten für Machtdistanz und folglich der russischen und deutschen Kultur liegen Welten! Hier muss es Konflikte geben – und die gibt es reichlich.

Zum einen, weil die hohe Machtdistanz nicht nur durch die Macht von oben gekennzeichnet ist, sondern auch durch eine hohe Akzeptanz der Macht von unten nach oben.

Es gibt in Russland sogar die Erwartung, dass die Macht sich zeigt, dass ein Machtwort gesprochen wird und dass der Mächtigere auch die Verantwortung für die Untergebenen übernimmt.

2. Machtdistanz in Russland

Und hier liegt auch der Vorteil für die Untergebenen in Russland: Sie werden zwar – aus deutscher Sicht – manchmal unwürdig von ihrem Chef behandelt, der hat aber breite Schultern, auf ihn ist Verlass. Er zeigt die Richtung und marschiert vorneweg. Also sollten Sie kein Mitleid mit den Mitarbeitern auf den unteren Hierarchiestufen in Russland haben und auch nicht die Höheren in der Hierarchie verurteilen. Es ist ein anderes System der Werte und der Kommunikation und als solches in sich ausbalanciert.

Und in Deutschland? Was bedeutet der relativ niedrige PDI hier in der beruflichen Praxis? Es sind vor allem zwei Prinzipien, die im Vergleich mit der russischen Situation wichtig sind:

1. Es gibt die Erwartung (von oben und von unten), dass auch Mitarbeiter ohne Führungspositionen Verantwortung übernehmen und Initiative zeigen müssen.

2. Die Vorgesetzten tragen zwar Verantwortung gegenüber ihren Mitarbeitern, sind verantwortlich für die Ergebnisse und haben entsprechende Weisungsbefugnisse. Gleichzeitig gibt es jedoch das Ideal des Chefs als „Coach", Mentor oder Organisator von Rahmenbedingungen, innerhalb derer die Mitarbeiter dann relativ selbständig agieren sollen.

Natürlich liegt die reale Performance der Manager immer irgendwo zwischen diesen Polen – jede Führungskraft muss situationsbezogen und entsprechend der eigenen Persönlichkeit hier eine eigene Linie finden. Auch das Prinzip der betrieblichen Mitbestimmung ist ein Ausdruck der vergleichsweise geringen Machtdistanz.

2.1 Der Hahn im Hühnerstall? Die Hühner wollen es nicht anders

Aus all dem wird verständlich, dass deutsche Vorgesetzte eines russischen Teams mit der unterschiedlichen Machtdistanz zu kämpfen haben, und das ist vor allem ein Kampf mit sich selbst. Denn der in Deutschland sozialisierte Manager wird in seinem Verständnis für „Gut und Böse" bei der Führung durch die Reaktion seiner russischen Mitarbeiter oft überrascht und verunsichert. Sicherlich werden sein respektvoller Ton und seine guten Manieren den Untergebenen gegenüber positiv registriert. Aber wehe, die Macht dahinter wird nicht gezeigt. Der Chef verliert seine Führungsrolle in den Augen der russischen Mitarbeiter – und die wiederum sind auch nicht zu beneiden, denn sie verlieren ihren Halt und ihre Orientierung. Dafür rächen sie sich an dem „Schwächling", direkt oder indirekt, die Situation eskaliert, die Arbeit ruht. So schildert zum Beispiel eine russische Buchhalterin ihre Erfahrungen mit einem abgesandten deutschen Controller:

Beispiel

Wir waren alle neugierig und etwas ängstlich, als der neue Chef aus München angekündigt wurde. Erstmal lief alles sehr nett. Er ging durch unser Großraumbüro und schüttelte allen die Hände. Ein gutaussehender, großer Mann mit einem Lächeln wie ein amerikanischer Superstar. Er strahlte auch ganz toll Selbstsicherheit und Zuversicht aus. So weit, so gut. Dann gab es ein Meeting, bei dem er unzählige Folien über das Rechnungswesen der deutschen Mutterfirma zeigte, und wir sollten Fragen stellen. Es gab keine Fragen. Dann forderte er uns auf, in einer Woche Verbesserungsvorschläge vorzulegen, wie wir das Ganze bei uns im Betrieb umsetzen wollen. Wie bitte? Hat er selber keine Ahnung? Will er uns vielleicht reinlegen, dass wir uns selbst bloßstellen, und dann läuft sowieso alles nach seiner Pfeife? Wir alle waren sehr verwirrt. Zwei Kollegen wurden zum besagten Termin krank, ein jüngerer Kollege schrieb irgendeinen Müll aus dem Internet ab, und ich weigerte mich einfach, an diesem Spiel teilzunehmen. Ich schrieb einfach auf, was ich schon immer an meinem Arbeitsplatz machte. Auf Russisch. Ich bin sicher, er hat es nicht verstanden, aber er zeigte sich höchst erfreut über meine „Initiative". So ein Trottel! Nach drei Monaten wurde er abgerufen, weil sein erster Bericht den Anforderungen der Zentrale nicht entsprach. Natürlich nicht! Jetzt haben wir einen russischen Manager, der in Deutschland geschult wurde, und das Ganze läuft wunderbar.

Keiner verlangt von Ihnen, dass Sie einen groben russischen Manager der alten Schule kopieren, der seine Mitarbeiter in der Öffentlichkeit anschreit.

Macht zeigen kann man leise bzw. nonverbal: mit Kleidung, Auto und einem großen Chefsessel, mit einer kraftvollen Gestik. Vor allem zeigt man sie aber inhaltlich, eben durch Vorgaben, Aufgaben, Ratschläge, Kritik und auch Lob.

Das ungeschickt ausgesprochene Lob wird in westlichen Kulturkreisen schon mal als Erniedrigung empfunden. Im Osten ist das kein Problem. Also sagen Sie direkt, was gut gelaufen ist, was besser werden muss und wie. Geben Sie ruhig vor, was, wie und bis wann erledigt sein soll. Die Leute vor Ort werden mit Sicherheit nicht gekränkt, eher dankbar sein.

2.2 Machtdistanz und Hierarchie

Der große Unterschied im Machtverständnis wird oft zusätzlich durch Unterschiede in der Hierarchie zwischen den Unternehmenskulturen verschärft. Wenn zum Beispiel ein deutscher Mittelständler eine personalintensive Produktion in Russland kauft, trifft die flache deutsche Unternehmensstruktur auf die vertikal ausgerichtete Struktur einer russischen Fabrik. Dann ist das Problem nicht allein durch Anpassungen in der Kommunikation zu lösen. Auch Arbeitsprozesse sollten angepasst oder zumindest viel konkreter beschrieben werden: Was zu welchem Zeitpunkt wohin geliefert oder gemeldet sein muss, und was zu tun ist, wenn eine Abweichung eintritt. Eine Stellvertreter-Regelung wird in Russland oft nur für Routineprozesse festgelegt, schon mittelgroße Entscheidungen müssen auf die Rückkehr oder Erreichbarkeit des eigentlich verantwortlichen Managers warten.

Es empfiehlt sich eine regelmäßige Teambesprechung, zum Beispiel jeden Freitag am späten Vormittag, um die Woche Revue passieren zu lassen, um die neue Woche zu planen und – jawohl! – die Fortschritte der Arbeit zu kontrollieren. Das berühmte „Vertrauen ist gut, Kontrolle ist besser“ wird auch in Deutschland oft zitiert, aber in Russland sitzt dieses Motto ganz tief im Unterbewusstsein der Menschen und wird in der Regel als eine Selbstverständlichkeit empfunden. Die Kontrolle von oben wird nicht als entmündigend oder als Misstrauen empfunden, sie kann sogar als Interesse an der Arbeit des Mitarbeiters interpretiert werden.

Grundsätzlich können wir empfehlen, mit einer „kurzen Leine“ anzufangen. Diese können Sie dann immer noch lockern – entsprechend der Aufgabe und der Bereitschaft des russischen Mitarbeiters, die Verantwortung zum Teil zu übernehmen, auch wenn er weiter Ihre Macht akzeptiert.

2.3 Machtdistanz ist eine Generationsfrage

Eine Differenzierung in der Umsetzung Ihrer Rolle als Vorgesetzter kann dann notwendig sein, wenn zu Ihrem Team Menschen aus unterschiedlichen Altersgruppen gehören. Genauer gesagt geht es hier um einen Bruch in der Biographie jedes Menschen in Ost- und Mitteleuropa. Die Revolution, die mit Solidarnost in Polen angefangen hat und zum Fall der Berliner Mauer führte, hat nicht nur das politische System in halb Europa umgekrempelt. Sie hat auch das Leben der Menschen verändert und ihre Mentalität beeinflusst – und zwar umso mehr, je jünger die Menschen sind. Vereinfachend kann die Altersgrenze bei den jetzt 50-jährigen gezogen werden, aus der Einschätzung heraus, ob sie vor oder nach der Wende ins Berufsleben eingetreten sind. Tendenziell sind die Jüngeren für weniger Machtdistanz, die Älteren schätzen insgesamt mehr Stabilität, auch in Bezug auf eine klare Rollenverteilung zwischen Chef und Untergebenen.

Die Kulturunterschiede in diesen zwei Altersgruppen in Russland, insbesondere in Bezug auf Machtdistanz, sind nicht nur spürbar, sondern auch messbar. Die im Jahre 1995 veröffentlichten Untersuchungen des amerikanischen Teams um *John Veiga* (*Rothlauf*) zeigen einen wesentlichen Bruch in der Business-Mentalität bei den russischen Managern um 40 (also jetzt 50- bis 55-jährigen). Der Fragenkatalog dieser qualitativen Untersuchung richtete sich auf Konfliktsituationen zwischen russischen und amerikanischen Geschäftspartnern aus der Sicht der russischen Seite. Die „Vor-Perestroika Generation" der russischen Manager wies nicht nur extrem hohe Werte für Machtdistanz auf, sie war außerdem davon überzeugt, dass zur Zeit des Zerfalls der Sowjetunion die Machtdistanz höher war als zu Sowjetzeiten. Zum Zeitpunkt der Umfrage Anfang der 1990er Jahre ist in ihren Augen die Machtdistanz wieder leicht gesunken. Für die nahe Zukunft prognostizieren diese Manager eine weitere marginale Verringerung der Machtdistanz in Russland, also im Ergebnis immer noch einen dramatischen Unterschied zu den westlichen Managern.

Die zwei Ergebnisse der Umfrage von Veiga für Prä- bzw. Post-Perestroika Manager unterschieden sich in allen Punkten: Für die jüngeren Manager lag das Maximum der Machtdistanz zu Sowjetzeiten. Sie empfanden eine rasante Senkung der Machtdistanz bis in die neunziger Jahre mit einer Abschwächung dieser Tendenz in der Zukunft, aber dennoch mit viel „optimistischeren" Erwartungen der Annäherung an die westliche Business-Kultur als im Vergleich dazu die russischen Manager-Senioren.

Auf die Veränderungen der Kultur in der Zeit und in veränderte Rahmenbedingungen kommen wir noch ausführlich im Resümee zu sprechen. Speziell in Bezug auf diese Untersuchung ist hier anzumerken, dass in den letzten zehn Jahren eher eine Stabilisierung auf hohem Niveau für PDI zu verzeichnen ist (*Hofstede*). Das heißt, die Vorhersage der älteren russischen Manager hat sich bewahrheitet. Woran liegt das?

2.4 Historische Begründung der hohen Machtdistanz

Die Gründe für die extrem hohe Machtdistanz liegen in der stark zentralisierten und hierarchisch organisierten Staatsmacht in Russland. Zuerst der Zar, der am längsten von allen europäischen Herrschern ungeteilte Macht hatte: bis zur ersten Revolution in Russland 1905, als das erste Parlament entstand und bis zur Entmachtung im Jahr 1917. Ihm folgten Lenin, Stalin, Chruschtschow und Breschnew, die trotz der Verkündung der Macht der **Sowety**, also der Volksräte, die ungeteilte Macht innehatten und diese auch nach Belieben nutzten. Der Prozess der Perestroika wurde von vielen russischen Menschen als Chaos empfunden, nicht nur wegen tatsächlicher Defizite in der Ordnung des politischen und alltäglichen Lebens, sondern auch als gefühltes Vakuum der Macht. Michail Gorbatschow, im Westen unangefochtener Stern der Perestroika, wird in Russland mal als Verräter, mal als Weichei beschimpft. In Jelzins Regierungszeit ging es vielen Menschen schlechter als in der Gorbatschow-Ära, trotzdem ist er beliebter, weil er etwas „Zaristisches" an sich hatte; sei es nur die Freiheit, ein Tänzchen in Begleitung eines Militärorchesters zu wagen. Jelzins Neujahrsansprachen im Fernsehen waren sowohl visionär als auch kraft- und machtvoll. Und dann kam Wladimir Putin, der bewusst auf kraftvolle Symbolik und Rhetorik setzte. Ohne Zweifel wirkt er als neuer Zar, der ungeteilte Macht innehat (trotz Dimitri Medwedew) und diese auch zeigt. Dafür wird er von vielen russischen Menschen geliebt und verehrt.

Vergessen Sie das nicht, wenn Sie von Ihren russischen Geschäftspartnern mit einer Flasche Wodka „Putinka" beschenkt werden: Es ist wahrscheinlich nicht ironisch gemeint. Verkneifen Sie sich sicherheitshalber Witze über Putin und Schröder und überhaupt jegliche Bewertung der politischen Situation in Russland und der ehemaligen Sowjetunion. Es kann schief gehen.

Beispiel

Irina: Nur ein Mal hörte ich eine Anekdote über Putin von Geschäftsfreunden, aber auch sie zeugte von Bewunderung über diesen Machtmenschen, der sogar über die Natur bestimmen kann. Dieser Witz wurde beim Abklingen eines ungewöhnlich warmen Winters in Russland erzählt und ging so: „Wladimir Putin geht zur Wahrsagerin und will wissen, ob seine Macht stabil genug sei. Sie antwortet ihm, er könne weiterhin und noch lange das Land führen, es gäbe aber ein gewisses Umsturz-Risiko im Winter. Putin fährt in den Kreml zurück und verfügt, den Winter als Jahreszeit abzuschaffen."

3. Machtdistanz in der Zusammenarbeit

3.1 Machtdistanz in Verhandlungen

Die große Differenz zwischen der russischen Kultur und anderen bei der Machtdistanz, an der die westlichen Manager in Russland zu knabbern haben, wirkt nicht so dramatisch bei Verhandlungen mit russischen Geschäftspartnern. Ganz im Gegenteil, es kann von Vorteil sein, ganz genau zu wissen, wer im Verhandlungsteam auf der anderen Seite des Tisches das Sagen hat. Haben Sie ihn (oder sie! siehe Kapitel D) als Person für sich gewonnen, ist das schon weit mehr als die halbe Miete für einen erfolgreichen Abschluss.

Die Frage ist nur, wie gewinnt man diesen Mächtigen? Hier ist ein Balanceakt angesagt: Einerseits muss er genügend Respekt und Anerkennung, ja Würdigung erfahren, andererseits dürfen Sie nicht in die „Underdog-Stellung" abrutschen. Denn die Mächtigen wollen unter sich bleiben und ihre Macht nicht durch einen „unwürdigen“ Partner gefährden.

Dieses Kräftemessen auf hohem Niveau beginnt mit der Zusammensetzung der Verhandlungsdelegationen.

Weil es ohnehin schwierig ist, bei unterschiedlichen Organisationsstrukturen den genau adäquaten Ansprechpartner zu bestimmen, empfehlen wir Ihnen, von deutscher Seite im Zweifelsfall den Ranghöheren einzubinden.

Auf die üblichen Einwände innerhalb Ihrer Firma können Sie argumentieren, dass es sich hier um eine langfristige Investition handelt: eine Zeitinvestition des Ranghöheren auf deutscher Seite mit einem Renditeversprechen. Denn ist erst einmal der Chef auf der russischen Seite gewonnen, kann die Sache nicht schief gehen. Es werden keine Ressourcen gescheut, um die gemeinsamen Entscheidungen umzusetzen, es werden immer Lösungen für scheinbar unlösbare Probleme gefunden. Und sollte doch nochmal ein Treffen auf oberster Ebene notwendig sein, wird ein Zeitfenster im Terminkalender des russischen Entscheiders schneller gefunden oder freigeschaufelt.

Und was tun, wenn der russische Entscheider nicht zusagt oder im letzten Moment absagt? Der praktische Trick dabei – protokollieren Sie die Sitzung und lassen Sie das Papier von dem anwesenden Ranghöchsten Ihrer Delegation oder Ihres Verhandlungsteams unterschreiben. Dann muss das Dokument „zwangsläufig“ auf der russischen Seite an die entsprechende höhere Stelle gehen und dort gelesen, genehmigt oder korrigiert werden. Somit haben Sie den russischen Entscheider doch eingebunden und vielleicht sogar dazu animiert, am nächsten Meeting tatsächlich selbst teilzunehmen.

Seien Sie vorbereitet auf die Demonstration der Macht auf der anderen Seite des Verhandlungstisches und lassen Sie sich nicht allzu sehr davon beeindrucken oder gar erschrecken. Wie zu jedem Zaren gehört zu einem Mächtigen eine Gefolgschaft. Wir hören immer wieder, dass eine Verhandlungsdelegation unter Russen als Herr Soundso und seine **Swita**, also seine Gefolgsleute, bezeichnet wird. Also kommen Sie zu wichtigen Verhandlungen möglichst nicht allein und wundern Sie sich nicht, dass die russische Delegation grundsätzlich zahlreicher ist, als aus hiesiger Sicht normal wäre. Achten Sie auf Statussymbole: Auch wenn Ihnen der Fußweg durch die Moskauer Innenstadt mehr Spaß macht als eine lange Fahrt durch die verstopften Straßen oder die Metro schneller ist als das Taxi, nehmen Sie trotzdem ein Taxi oder lassen sich einen Fahrdienst bestellen.

Seien Sie gut gekleidet – für Männer bedeutet das: eher konservativ. Russen haben kein Verständnis für Understatement im Äußeren. Verstecken Sie Ihr edles Schreibgerät nicht im Schreibtisch, nehmen Sie es mit auf die Dienstreise nach Russland. Und vergessen Sie nicht Ihre Geschäftsgeschenke: Nichts entmachtet Sie mehr als mit leeren Händen da zu stehen, wenn Sie von der russischen Seite (mit hoher Wahrscheinlichkeit) beschenkt werden. Sicherlich liegt dem gegenseitigen Beschenken Freundlichkeit zugrunde, aber es ist doch auch unterschwellig eine Demonstration der Großzügigkeit und des Wohlstands – also auch der Macht.

Eine Machtdemonstration zu Beginn der Verhandlung kann sein, dass das Geplauder zum Aufwärmen und die Vorstellungsrunde von einem höheren, aber nicht dem ranghöchsten Mitglied der Delegation durchgeführt wird. Sprechen Sie in Ihrem deutschen Team ab, ob Sie dieses Spiel mitspielen und wenn ja, wer die Rolle des „ersten Ministers" oder der „ersten Geige" übernimmt und den König oder Dirigenten vorstellt. Und dann Applaus, Vorhang auf!

3.2 Kräftemessen beim Timing

Beispiel

In dem Dokumentarfilm „Duell um Gas" (*Gellinek*) begleiten die Filmemacher die Geschäftsführung von Eon bei Verhandlung mit Gazprom. Man lässt auf sich warten, erst in einem Vorzimmer, dann in einem anderen Vorzimmer, dann hat man für die eigens aus Deutschland angereiste hochrangige Delegation statt einer Stunde gerade mal 20 Minuten Zeit. War hier falsche Zeitplanung oder Machtdemonstration im Spiel?

Sicherlich ist „auf sich warten lassen" ein Machtinstrument, das überall in der Welt, und auch in Russland, gern eingesetzt wird. Aber gerade in Russland darf es nicht überbewertet werden: Für die Verspätung kann es viele andere Gründe geben. Die russische Kultur hat eine ganz andere Zeitauffassung, und diese stellen wir in Kapitel F vor. Es hilft nichts, außer zu versuchen, sich nicht zu ärgern. Seien Sie gelassen, stehen Sie darüber. Und versuchen Sie, für die Zukunft besser vorzusorgen.

Denn auch im Falle der Hierarchie und des Kräftemessens auf dem Schlachtfeld Zeitmanagement hilft Ihnen die Trumpfkarte **P-Ass**: nämlich die persönliche Beziehung, die geschäftliche Freundschaft.

In dem besagten Film zum Beispiel mussten die hochrangigen deutschen Manager mehrere schwere Aktenkoffer über den weitläufigen Parkplatz vor der Gazpromzentrale schleppen. Abgesehen der bitteren Tatsache, dass sie später gar keine Gelegenheit hatten, diese Koffer auch nur ansatzweise aufzuklappen, hätten sie sich ebenso den langen Gang zum Termin sparen können. Ein im Rang viel niedriger angesiedelter deutscher Ingenieur, dem eben gelungen ist, eine partnerschaftliche persönliche Beziehung aufzubauen, bekam von seinen Gazprom-Kollegen einen Passierschein organisiert. Sein Taxi konnte bis zur Eingangstür vorfahren, wo er gleich – per Umarmung – in Empfang genommen wurde.

3.3 Entscheidungsfindung: der lange Weg nach oben

Die Entscheidungsprozesse in Russland werden von Ausländern oft als unangenehm und auffallend lang empfunden. Gelegentlich stöhnen auch russische Mitarbeiter darüber, ohne allerdings zu versuchen, diese zu beschleunigen. Denn eine gute Entscheidung braucht ihre Zeit und vor allem Konsens. Der Chef hat zwar die Macht des letzten Wortes, aber zuvor wird die Meinung des Kollektivs (nach unten) und der Kollegen (auf gleicher Hierarchieebene bei Verbundunternehmen oder in der Behörde) ausgelotet und eventuell beeinflusst. Je größer das Unternehmen oder die Organisation, je mehr Partner potenziell betroffen sind, umso länger dauert die Entscheidungsfindung. Außerdem ist diese Entscheidungsfindung eher intransparent, was insofern halb so schlimm ist, als Sie diesen Prozess von außen sowieso nicht beeinflussen können. Es sei denn, Sie schalten eine höhere Macht ein – die politische Ebene – und holen sich Unterstützung von deutschen Ministerien oder Bundestagsabgeordneten.

In diesem Zusammenhang ist die Haltung der „Nicht-Einmischung" in die Wirtschaft seitens der deutschen Politik wenig geschäftsfördernd. Einerseits werden in Russland politische und wirtschaftliche Macht nicht scharf voneinander getrennt. Andererseits reicht oft eine rein symbolische Unterstützung der Wirtschaft seitens der Politik. Eine Keynote-Rede auf einer deutsch-russischen Konferenz, organisiert von einem Großunternehmen, muss von einem Minister gesprochen werden, auch wenn er dann die Konferenz wegen anderer Termine nach seinem Auftritt sofort verlässt. Und wenn ein Unternehmen eine Ausstellung über russische Kunst in Deutschland sponsert, muss zur Eröffnung nicht nur das Management dieses Unternehmens kommen, sondern auch VIPs aus der Politik, der Bürgermeister der Stadt oder ein hoher Beamter aus dem Wirtschaftsministerium. Wenn alles nichts hilft, und der Termin mit „Ihren Russen" wegen nicht allzu hoher Priorität nicht in den Terminkalender des deutschen Politikers passt, lassen Sie doch wenigstens ein Begrüßungsschreiben vorbereiten oder eine festliche Ansprache in seinem Namen vortragen. Das verleiht den deutschen Wirtschaftsakteuren Gewicht und bringt sie – insbesondere im Geschäft mit Ländern mit hoher Machtdistanz – schneller zum Erfolg.

Aber auch hier, wie immer in Russland, gilt: Das Persönliche sticht das Geschäftliche. Bauen Sie eine gute Beziehung zu Ihrem russischen Gegenüber auf, egal, auf welcher Ebene Sie sich befinden. Wir nennen diese Antwort auf die extrem hohe Machtdistanz in der russischen Business-Kultur die **Macht der persönlichen Bindung.** Dies ist eines der wichtigsten Beispiele für das **P-Ass**:

> Die persönliche Karte ist stärker als die klassische Machtkarte, egal ob diese auf Hierarchie, Geld oder Verhandlungsposition beruht.

3.4 Autoritäts-Konformismus

Sicherlich spielt in Russland die Loyalität dem Vorgesetzten gegenüber eine besonders hohe Rolle, dennoch kann sie unter Umständen eher oberflächlich sein. *Rothlauf* spricht in diesem Zusammenhang gar von einem Autoritäts-Konformismus. Es geht um Anpassung an die höhere Macht, es geht auch um die Unterwerfung gegenüber Autoritäten, es ist von einer „Underdog“-Mentalität die Rede. Aber auch die Underdogs beißen mal ihr Herrchen, oder holen sich – zumindest – defizitäre Streicheleinheiten von „Fremden“ ab.

Als Gegenleistung oder aus einfacher Dankbarkeit werden Ihnen scheinbar nebensächliche, aber vielleicht wichtige und hilfreiche Informationen weitergegeben – wenn auch verschlüsselt übermittelt, als eine Art Wink. Denn Loyalität, ob aus Angst oder Gewohnheit, wird die Menschen daran hindern, Klartext mit Ihnen als Fremden zu reden. Dazu kommt, dass die Informationsflüsse in russischen Unternehmen und Behörden – im Vergleich zu den deutschen – kleiner und subtiler sind.

3.5 Wenn zwei Organisationskulturen aufeinanderprallen

In wirtschaftlichen Beziehungen zwischen Deutschland und Russland verschärft sich oft die Diskrepanz im Machtverständnis durch unterschiedliche Hierarchie-Kulturen. Russland hat keinen Mittelstand, in Russland gibt es entweder gigantische Organisationen (Behörden inklusive) oder ganz kleine Wirtschaftseinheiten. Die typische Situation ist dann, dass ein mittelgroßes deutsches Unternehmen mit flacher Struktur auf ein großes russisches Unternehmen mit vertikaler Struktur trifft. Somit ergibt sich eine Art Matrix von Kulturunterschieden: Eine größere Machtdistanz und höhere Wertigkeit der Hierarchie in Russland addiert sich (oder multipliziert sich!) mit weit mehr hierarchischen Strukturen. Was tun? Das können Sie nur akzeptieren! Und hoffen, dass die Zeit es schon richten wird: Besonders die Industrieunternehmen in Russland werden zunehmend prozessorientiert geführt, was zu einer Stärkung der horizontalen Organisation oder zumindest zu horizontalen Informationsflüssen führt.

Keine baldige „Lichtung“ der Hierarchie ist allerdings bei den zahlreichen Behörden zu erwarten, die Sie in Russland auf Schritt und Tritt begleiten. Hierzu die Empfehlung eines Wirtschaftsprofessors aus Moskau, der auch beratend für westliche Firmen in Moskau tätig ist: „Deutsche Firmen brauchen einen Ansprechpartner ihres Vertrauens vor Ort oder erfahrene Kollegen im russischen Teil eines Joint-Ventures. Sie werden es viel besser und schneller schaffen, mit russischen Beamten klarzukommen, nicht nur weil sie einige Mitarbeiter dort kennen können, sondern vielmehr, weil sie die Struktur und Mentalität der Behörden kennen und diese als gegeben akzeptieren. Ausflippen oder anfangen zu belehren, kann nur kontraproduktiv sein.“

3.6 Last, but not least

In Sachen Machtdistanz haben Sie trotz allem einen wesentlichen Vorteil: Als deutscher Manager oder Wissenschaftler haben Sie automatisch ein Paar Punkte mehr auf

Ihrem russischen Macht-Konto: Deutschland hat den Status einer starken Volkswirtschaft und die Deutschen verkörpern das Bild von starken Wirtschaftspartnern. Wenn Sie also keine Lust auf die oben empfohlenen Machtspielchen haben, ist es nicht ganz so schlimm: Als Deutsche haben Sie ohnehin eine „Poleposition". Konzentrieren Sie sich ruhig auf verbale bzw. paraverbale Kommunikation: Sprechen Sie nicht zu viel, seien Sie freundlich, aber bestimmend im Ton.

3.7 Du und Sie

Um auf das erste Beispiel in diesem Kapitel zurückzukommen, wollen wir Ihnen eine Empfehlung mit auf den Weg geben, die das Dilemma des Du und Sie lösen und dabei die „Machtbalance" erleichtern kann.

Gehen Sie möglichst früh auf die Anredeform über, die hierzulande manchmal als „Hamburger Du" bezeichnet wird: Vorname und Sie. Diese Anrede hat viele Vorteile. Zum einem, sind die russischen Vornamen – in der lateinischen Schreibweise – viel einfacher zu entziffern als die Nachnamen. Ihren russischen Gesprächspartner geht es genauso, insbesondere wenn in Ihrem Nachnamen Umlaute vorkommen. Zum Zweiten entspricht diese Anredeform dem Englischen „you" und dem angelsächsischen schnellen Übergang vom Nachnamen zum Vornamen. Somit ist der Übergang vom Small Talk auf Englisch zur Verhandlung auf Deutsch und Russisch mit Dolmetscher ohne Stolpern über die Anrede möglich. Und last, but not least: Diese Anredeform ist im Russischen sehr verbreitet und signalisiert gleichzeitig Respekt und Freundlichkeit. Genau die Kombination, die der Aufbau einer freundschaftlichen Beziehung auf gleicher Augenhöhe braucht. Also stellen sich Sie gleich bei der Überreichung Ihrer Visitenkarte (möglichst eine Seite auf Russisch) mit Ihrem Vornamen vor. Und vereinbaren Sie mit Ihrem Dolmetscher schon im Voraus, dass Sie beim Übergang ins Deutsche die Sie-Form, die in Deutschland doch ungewöhnlich ist, im fortlaufenden Gespräch beibehalten wollen. Und – wer weiß – vielleicht „erziehen" Sie doch indirekt den russischen Boss, der seine Mitarbeiter zuvor einseitig geduzt hat.

4. Dos & Don'ts

1. Versuchen Sie eine Balance zwischen Würdigung der Macht Ihres russischen Partners und „Selbstwürdigung" herzustellen, seien Sie weder arrogant noch unterwürfig.
2. Die Führung eines russischen Teams bedeutet: Stärke zeigen, Richtung weisen, aber auch Verantwortung für das Team und den jeden Mitarbeiter übernehmen.
3. Achten Sie auf Handlungen und nonverbale Signale Ihrerseits, die aus Sicht Ihres russischen Counterparts als Schwäche bewertet werden könnten. Beispiele: U-Bahn fahren, in einem billigen Hotel absteigen, zu viel und zu laut sprechen.
4. Meiden Sie Zeichen der „falschen Bescheidenheit": Holen Sie Ihr gutes Schreibgerät heraus, legen Sie Ihre teuerste Krawatte an, Ihr Aktenkoffer sollte gut sein, aber vor allem nicht zu groß: Pilotenkoffer tragen in Russland nur Piloten oder Kofferträger.

5. Die deutsche Volkwirtschaft hat in Russland einen guten Ruf und eine Ausstrahlung der Zuverlässigkeit und Stärke – und damit haben Sie eine starke Ausgangslage, die Sie nicht verspielen dürfen.
6. Auch Machtdistanz wird von der persönlichen Karte **P-Ass** geschlagen. Unter (Geschäfts-)Freunden fallen „Wichtig-sein" Masken weg, Entscheidungswege verkürzen sich, Termine werden eingeräumt und eingehalten.
7. Die Geschäftsgeschenke sind nicht nur wichtig für die persönliche Bindung, sie sind unabdingbar, denn es ist sehr wahrscheinlich, dass Ihr russischer Geschäftspartner auch Ihnen welche überreichen will – und zwar bei jeder Gelegenheit. Der Akt des Schenkens und des Denkens an den anderen ist wichtiger als der monetäre Wert des Geschenks. Zu teure Geschenke haben ein „Gschmäckle", auch in Russland.
8. Spätestens zu Ihrer ersten Dienstreise nach Russland sollten Ihre Visitenkarten auf Russisch übersetzt werden. Da die Titel nicht immer zu den russischen passen, sollten Sie im Zweifelsfall Ihre Positionsbezeichnung „aufrunden".

D. Gender auf Russisch
Geschlechterrollen im Business

Achtung! Gefahr von Osten: Die russischen Frauen kleiden sich ungewöhnlich weiblich, aber im Geschäft sind sie knallhart. Das irritiert männliche und weibliche Deutsche gleichermaßen. Aus Sicht der russischen Frauen können sie es sich „leisten", ihre Weiblichkeit zur Schau zu stellen, denn sie sind wirklich emanzipiert und haben es nicht nötig, sich den männlichen Normen anzupassen. Hinzu kommt, dass die meisten Russen viel Wert auf Kleidung und Äußeres legen – sowohl Frauen als auch Männer. Das ist bekannt und doch stöhnen die Deutschen manchmal: „Muss denn der Rock so kurz sein?", oder „Wozu die Kriegsbemalung, wir sind doch zu einem friedlichen Meeting zusammengekommen?"

Versuchen Sie, es so zu nehmen, wie es ist, zumal die provozierend weiblichen Outfits immer seltener vorkommen.

> Unterschätzen Sie Ihre russischen Ansprechpartnerinnen nicht, egal wie sie gestylt sind: In Russland spielen Frauen im Geschäftsleben eine viel wichtigere Rolle als Frauen hierzulande – auch wenn die deutschen Frauen noch so korrekt gekleidet und dezent geschminkt sind.

1. Emanzipation hat in Russland Geschichte

Die Emanzipation in Russland ist fast 100 Jahre alt. Es war Lenins Ehefrau, Gefährtin und Kameradin Nadeschda Konstantinowna Krupskaja, die die Gleichberechtigung der Geschlechter nach der Oktoberrevolution 1917 in Gesetze meißeln ließ. In der Ehe mit dem späteren Führer Russlands lebte die Lehrerin, die mehrere Fremdsprachen beherrschte, die Gleichberechtigung vor. Ihr politisches Programm, das Krupskaja „Die arbeitende Frau" nannte, wurde übrigens erstmals in München, im Jahre 1901, gedruckt.

Den wesentlichen Schub in der Entwicklung der Frauen in Russland nach der Oktoberrevolution brachte der freie Zugang zu der – für alle kostenlosen – Bildung. Die künstlerische Avantgarde brachte viele talentierte, ehrgeizige und sogar berühmte Frauen hervor: Malerinnen, Schriftstellerinnen, aber auch Architektinnen, Wissenschaftlerinnen, politische Arbeiterinnen. In dem Film „Die Kommissarin" von 1967, der im Jahre 1988 den silbernen Bären der Berlinale erhielt und in der deutschen Version verfügbar ist (s. unsere Filmliste unter **www.kiehl.de/russenversteher**), wird das Bild der emanzipierten sowjetischen Frau „der ersten Stunde" verewigt. In Militäruniform kämpft sie für die Weltrevolution und ist praktisch immer im Sattel, wird aber trotzdem schwanger. Das Kind wird geboren und ihre harten Gesichtszüge werden weich, aber nicht für lange Zeit. Sie muss weiterreiten. Das Kind wird von einer „klassischen" Familie großgezogen.

Die traditionelle Frauenrolle im alten Russland kann man auch mit den drei K charakterisieren: Kinder, Küche, Kirche.

Plakate der 1920er Jahre zeigen den radikalen Bruch mit dieser Rolle: „Schluss mit der Küchen-Sklaverei. Es lebe der neue Haushalt“ (z. B. mit Arbeitskantinen und großen Babynahrungsküchen) und „Jede Köchin soll lernen, den Staat zu führen“ (*Lenin*).

All die Sowjetjahre hindurch war es selbstverständlich, dass die Frauen ausgebildet waren und arbeiten gingen. Das Dilemma der doppelten Belastung war schon immer da, wurde aber selten beklagt: Auch in Familien, in denen die Frau beruflich stärker engagiert war als der Mann und in ihrem Betrieb oder ihrer Behörde einen höheren Posten besaß, trug sie doch die Hauptlast des Haushaltes und der Kindererziehung. Dies wurde aber eben nicht als Last, sondern als Selbstverständlichkeit empfunden. Haushaltshilfen kommen nur in den oberen Schichten vor – früher bei der Nomenklatur, jetzt bei den Neureichen. Ansonsten führen den Haushalt in Russland weitgehend allein die Frauen, trotz guter Ausbildung und Karriere und aller guten Vorsätze.

1.1 Der Frauentag – ganz anders

An einem Tag im Jahr ist aber jede Frau in Russland eine Königin, die verehrt und verwöhnt wird: Am 8. März. Der Internationale Frauentag wird in Russland erst seit 1913 gefeiert, seit 1966 war der Tag ein offizieller Feiertag in der Sowjetunion und Russland hat diese Tradition im Jahre 2002 übernommen. Weitere Beispiele für Länder, in denen sowohl Frauen als Männer am 8. März frei haben: Turkmenistan, Kuba, Nepal. In China und Madagaskar müssen allein die Frauen an diesem Tag nicht zur Arbeit.

Dabei hat sich speziell in Russland die Bedeutung dieses Feiertages stark gewandelt: Aus einem Tag des Kampfes für Frauenrechte wurde ein Tag der Verehrung der Frau als solcher. An diesem Tag werden tonnenweise Blumen, Flüsse von Parfüms und der eine oder andere Diamant verschenkt: An Ehefrauen, Geliebte, Mütter, Töchter, Schwestern. Von Ehemännern, Geliebten, Söhnen und Töchtern, Vätern und Brüdern.

Auch männliche Kollegen, Chefs und Untergebene müssen ran: Blumen sind das Mindeste, gute Pralinen und französische Parfüms sind auch kein Tabu. Außerdem bereitet jedes mehr oder weniger ausgeprägte männliche „Kollektiv“ ein Unterhaltungsprogramm für die Arbeitskolleginnen vor. In allen Branchen und Bildungsschichten kann ein Konzert mit musikalischen, humoristischen oder gar tänzerischen Darbietungen monatelang während der Arbeitszeit vorbereitet und am letzten Arbeitstag vor dem 8. März aufgeführt werden.

Daraus resultieren zwei Empfehlungen für Sie:

1. Legen Sie Anfang März möglichst keine Verhandlungen und Arbeitstreffen, deren Vorbereitung viel Zeitinvestition von der russischen Seite erfordert.
2. Versäumen Sie es nicht, Ihren russischen Kolleginnen und Geschäftspartnerinnen zu dem Tag zu gratulieren (das gilt auch von Frau zu Frau).

Blumengeschenke, Versand von Süßigkeiten, zumindest eine Blumenkarte per Post sind Männersache – russische Damen werden sich besonders freuen, weil so etwas ansonsten von westlichen Partnern selten kommt und deswegen nicht erwartet wird. Die Gefahr, die hierzulande insbesondere in den westlichen Bundesländern besteht, eine emanzipierte Frau damit zu nerven, gar zu beleidigen, besteht in Russland garantiert nicht!

Genauso wenig abstoßend wirken auf die russischen Frauen die obligatorischen Toasts auf die „sdorowie prekrasnych dam“ (auf das Wohl der schönen Damen), bei dem alle anwesenden Herren übrigens aufstehen.

Die russischen Frauen sind soweit emanzipiert, dass sie es sich leisten können als Frau aufzutreten, als solche wahrgenommen und am 8. März verehrt zu werden.

Nicht alle russische Businessfrauen tragen atemberaubend hohe Absätze oder nicht weniger atemberaubende Dekolletés. Aber alle haben gepflegte Hände, weibliche modische Kleidung und selbstverständlich „ihr“ Parfüm.

Beispiel

Irina: All das kann Ihnen übrigens auch bei Kontakten mit polnischen, französischen, spanischen und vor allem italienischen Frauen passieren. Ohnehin liegen Moskau und Mailand in diesem Punkt näher beisammen als man denkt. Gerade in Mailand, wo ich auf einer Dienstreise als deutsche Ingenieurin am 8. März eintraf, wurde ich reichlich mit Mimosen beschenkt: auf der Straße, in der Espressobar und im Büro des italienischen Partners. Gefeiert wurde auch, allerdings erst im Anschluss an die Meetings und nur unter weiblichen Teammitgliedern..

1.2 Weibliche Berufsbezeichnungen

Weibliche Berufsbezeichnungen gibt es in der russischen Sprache grundsätzlich nicht. „Inschener", also Ingenieur, wird gleichermaßen für Männer und Frauen benutzt. „Direktor" ist ein Direktor oder eine Direktorin, „Professor" ist ein Professor oder Professorin, unabhängig vom Geschlecht. „Chirurg" und „Wratsch" steht für Chirurgen beider Geschlechter und sowohl für Ärzte als auch für Ärztinnen – und sogar die Sekretärin ist auf Russisch ein Sekretär. Die Krankenschwester gibt es allerdings auch auf Russisch und auch Lehrerin klingt auf Russisch anders als Lehrer.

Die absolute Mehrheit der Berufsbezeichnungen hat also im Russischen keine grammatikalische weibliche Form. Wird eine weibliche Endung doch dazu gesetzt, klingt es abwertend der Frau gegenüber. Aber auch rein sprachlich ist es nicht fein. Wer zum Beispiel statt „Wratsch" (Arzt) „Wratschicha" (Ärztin) oder statt „Parikmacher" (Frisör) „Parikmacherscha" (Frisörin) sagt, disqualifiziert sich nicht nur als Mann von gestern, sondern auch als Person, die das „Hochrussisch" nicht beherrscht.

Bei einer Berufsbezeichnung gibt es aber überhaupt keine Möglichkeit, die weibliche Form zu bilden: Kosmonaut. Dabei waren es drei Frauen, die mit sowjetisch-russischer Technik ins Weltall kamen:

1. Walentina Tereschkowa, die erste Frau im Weltall im Jahre 1963 im Alter von 26 Jahren,
2. Swetlana Sawizkaja 1982 und 1984, als sie als erste Frau drei Stunden lang im offenen Weltraum verbrachte und
3. Elena Kondakowa, die 1994 als erste Frau einen langen Flug auf der Raumstation absolvierte – über 5 Monate – und 1997 an einer amerikanischen Expedition teilnahm.

Allerdings war die erste Frau, die das Weltallteam führen durfte, keine Kosmonautin, sondern amerikanische Astronautin – Eileen Collins im Jahre 1999.

2. Russische Geschäftsfrauen heute

2.1 Einige Zahlen

Der „Kulturkampf“ um Frauen in Führungspositionen, den das „Handelsblatt“ beschreibt (Kulturkampf um die Frauenquote), findet in Russland nicht statt. Es ist selbstverständlich, dass russische Mädchen Physik und Technik studieren. Es ist selbstverständlich, dass qualifizierte und energische Expertinnen in die Führung aufsteigen, ob mit Kind und/oder Mann oder ohne.

Ein Bespiel aus der Energiewirtschaft, die als klassisch männlich gilt, fast die „letzte Bastion“ der männlich-technokratischen Wirtschaft. Unter politischem Druck und mit dem „frischen Wind“ des neuen Vorstandvorsitzenden Johannes Teyssen hat sich Eon „heroisch“ nach vorne gewagt. Das Unternehmen will – ohne ein Zeitziel zu nennen – den Anteil seiner weiblichen Führungskräfte auf 22 % erhöhen (ebenda). Dabei war Eon acht Jahre lang Anteilseigner von Gazprom. Der Anteil der weiblichen Führungskräfte bei dem russischen Unternehmen – mit eher konservativem Image in Deutschland – liegt schon jetzt in der ersten Führungsriege bei 20 %, im höheren und mittleren Management bei 30 %. Dabei führen die Gazprom-Damen nicht nur „typisch weibliche“ Bereiche wie die Buchhaltung oder Human Resource, sondern auch die „Strategische Planung“ – so z. B. Vorstandsmitglied Wlada Rusakowa.

Aber wie in Deutschland gilt auch in Russland: Je kleiner das Unternehmen, umso mehr Frauen dürfen das Ruder übernehmen. Im Durchschnitt haben russische Firmen 11 % Frauen in Vorständen und liegen damit im Ranking gleich hinter Norwegen, während Deutschland es mit ganzen 2 % nur bis kurz vor Indien schafft (ebenda).

Speziell für Russland wurde eine Studie von PricewaterhouseCoopers in Zusammenarbeit mit dem Management Assoziation Russlands durchgeführt (*Wedomosti*). Sie zeigt das Wachstum des Anteils von Frauen mit Führungsverantwortung, auf einem hohen Niveau. Die traditionell weiblich besetzte Position der Chefbuchhalterin wurde im Jahre 2010 von mehr als 90 % von Frauen besetzt. Dazu muss man wissen, dass diese Position durch die russische Gesetzgebung eine wahre Schlüsselstellung einnimmt – ohne sie läuft in einem russischen Unternehmen fast nichts. 70 % der Personalchefs in Russland sind Personalchefinnen. Marketingabteilungen werden in 35 % der Firmen von Frauen geleitet. Auch in für Frauen „untypischen“ Bereichen haben viele Frauen in Russland das Sagen: Sie stellen 25 % der Stellvertretenden Direktoren, mehr als 10 % bei der Produktionsleitung und – immerhin – 10 % der Generaldirektoren. Auf den durchschnittlichen Anteil von Frauen in Führungspositionen in 2010 von 40 % kann jede Kämpferin für Frauenrechte in Deutschland neidisch werden.

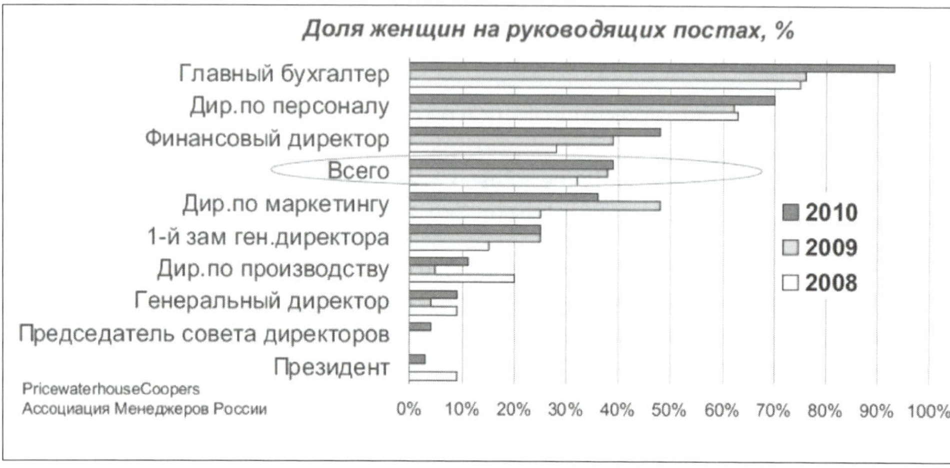

Quelle: *Wedomosti* (Wirtschaftszeitschrift)

2.2 Praktische Folgen für deutsche Männer

Unabhängig davon, wie der (deutsche) Mann zu weiblichen Führungskräften, Frauenquote und überhaupt zum Thema Emanzipation steht, sollte er bei seinen geschäftlichen Kontakten in Russland immer im Hinterkopf behalten: Russische Frauen ticken anders als seine deutschen Kolleginnen und sie haben beruflich viel mehr erreicht.

Eine unterschwellige Geringschätzung wird die russische Geschäftsfrau stark abstoßen und das russische Vorurteil verstärken, deutsche Geschäftsleute seien arrogant und besserwisserisch.

Dieser schwere Brocken wird dem Mann dann permanent im Wege stehen.

Die tief sitzende Überzeugung der russischen Frauen, im Geschäft keine „Männer zweiter Klasse" zu sein, sondern „Frauen, und das ist gut so!", spiegelt sich im Business-Knigge wider. Sie dürfen, ja sollten, den russischen Frauen die Tür aufhalten, in den Mantel helfen, die Autotür aufmachen. Sie dürfen ihnen Komplimente machen ohne Angst, wegen sexueller Belästigung verklagt zu werden. Sie können ihnen sogar die Hand küssen (vorausgesetzt, Sie können es). Blumen können immer geschenkt werden, am 8. März sind sie wie gesagt ein Muss. Auch bei russischen Geschäftsfrauen gilt ein richtig schön gedrucktes Buch als die sicherste Empfehlung. Hochwertige Süßigkeiten sind auch denkbar, die werden dann im Familien- und Freundeskreis vernascht, verbunden mit Erzählungen über „diese süßen Deutschen".

Dabei sollte – bei aller Bedeutung persönlicher Beziehungen – immer ein gewisser respektvoller Abstand eingehalten werden. Behandeln Sie russische Frauen nicht kumpelhaft oder wie Sie mit einem anderen Mann umgehen würden.

Aber auch wenn Sie eigentlich alles richtig machen und die russischen Frauen Sie dann in ihr Herz geschlossen haben, sind böse Überraschungen nicht ganz ausgeschlossen. So kann eine russische Expertin die ganze Verhandlung lang schweigen und kurz vor dem Protokollieren eine „kleine Frage" leise stellen, die den ganzen Sachverhalt auf den Kopf stellt. Oder mit einem bezaubernden Lächeln auf dem Gesicht plötzlich laut werden. Schon bevor der Satz aus dem Russischen übersetzt ist, wissen Sie, was er bedeutet: „Mit mir nicht!" Um solche Überraschungen zu vermeiden, binden Sie alle weiblichen Anwesenden von sich aus in das Geschehen ein. Nehmen Sie öfter Blickkontakt auf, auch auf das Risiko hin, von ihrer Schönheit zu erblinden oder sich in ihrem Dekolleté zu verlieren. Das wird Ihnen gern verziehen, ein Übergehen – **nie**!

2.3 Praktische Folgen für deutsche Frauen

Deutsche Frauen haben hier einen absoluten Vorteil den deutschen Männern gegenüber. Sie können sich mit russischen Geschäftspartnerinnen anfreunden, ohne in Verdacht zu kommen, ihren Reizen erlegen zu sein. Vorausgesetzt, sie agieren nicht noch „männlicher als die Männer". Denn das wird von russischen Frauen als Verrat empfunden und bestimmt bestraft. Die schwerste Waffe der Russinnen kann mit dem englischen „Just ignore her" am besten ausgedrückt werden. Die Verräterin wird einfach kalt gestellt, übergangen, überhört und übersehen.

Aber so weit soll es gar nicht kommen. Zumal sich Frauen aus den verschiedenen Kulturen ähnlicher denken und handeln als Männer, zumindest nach der Überzeugung von *Hofstede*. Zu den Ergebnissen seiner soziologischen Untersuchung kommen wir noch, aber vorerst eine ganz praktische Empfehlung.

Wenn Sie russische Geschäftsgäste in Deutschland empfangen, geben Sie dezent **allen**, aber besonders den weiblichen, die Gelegenheit zum Shopping. Denken Sie daran, dass gute Marken in Moskau das Doppelte im Vergleich zu Berlin kosten, zusätzlich zum Verkehrsstress nach Feierabend – ein wahres Problem für berufstätige Frauen. Unschlagbar: Ein gemeinsamer Gang über den Weihnachtsmarkt. Russische Frauen lieben es, für schöne und doch funktionale Sachen Geld auszugeben, um „das Angenehme mit dem Nützlichen zu verbinden". Und Sie können diesem Motto auch folgen: Versuchen Sie, das gemeinsame Shopping nicht als Last, sondern als Freundschaftsdienst zu betrachten und es deswegen nicht als nervig, sondern als notwendig und vielleicht sogar amüsant zu empfinden. Danach können Sie sich bei einem gemeinsamen Glas Sekt über Gott und die Welt, aber auch über Geschäftliches unterhalten. „Meschdu nami dewotschkami" („Unter uns Mädels") erfährt man viel mehr als in einer Männerrunde bei einem Bier.

2.4 Russische Frauen und Männer unter sich

Auch wenn es die Frauen in Russland viel weiter gebracht haben als die Frauen anderswo, bedeutet dies bei weitem nicht, dass sie von russischen Machos verschont sind. Es ist oft ein sehr schmaler Grat zwischen den galanten Manieren der russischen Männer ihren Frauen gegenüber und einem Umgang „von oben herab".

Beispiel

Irina: Ich durfte mir von einem russischen Geschäftsfreund anhören, als er mich um beruflichen Rat bat: „Du bist zwar eine Frau, aber ich schätze Deine Meinung sehr!" In Deutschland habe ich allerdings eine ähnlich komische Situation erlebt, als mich mein Chef fragte, wie hoch mein IQ sei. Meine Antwort wurde kommentiert mit Bewunderung: „So hoch – für eine Frau!"

Insgesamt ist das Verhältnis der russischen Männer zu ihren Kolleginnen respektvoll und kameradschaftlich. Die Geschlechter gehen weniger verkrampft mit einander um, was bei den deutschen Kollegen den Verdacht weckt, dass dort alle miteinander ein Verhältnis haben. Das kommt zwar schon mal vor, aber nach den – nicht statistisch belegten – Beobachtungen von Irina, die sowohl in Russland als auch in Deutschland berufstätig war, nicht öfter als hierzulande.

3. Maskulinität einer Landeskultur nach Hofstede

An dieser Stelle erlauben wir uns ein Axiom: Männer und Frauen sind verschieden. Überall auf der Welt. Die Studien von *Hofstede*, die unterschiedliche Denk- und Handelsmuster in verschiedenen Ländern aufspüren sollten und auf denen sein System der Kulturdimensionen basiert, haben „nebenbei" ergeben, dass sich Normen und Werte von Frauen aus verschiedenen Kulturen weniger voneinander unterscheiden als bei Männern, die in verschiedenen Kulturen sozialisiert sind.

Hofstede definiert „Maskulinität" mit dem Gegenpol „Femininität" als Kulturdimension (*Hofstede*). Diese Bezeichnung ist zwar umstritten, aber das Konzept dahinter ist nicht uninteressant.

„Maskulin" als Kulturdimension nennt *Hofstede* Kulturen, in denen das Streben nach Erfolg und Konkurrenzkampf dominieren. Als „feminine" Kulturen werden diejenigen definiert, in denen die Mitglieder der Gemeinschaft maßvoll und fürsorglich miteinander umgehen.

Es geht also um die grundsätzlichen Ziele, um die fundamentale Ausrichtung im Leben des Einzelnen, in der Gruppe und der Gesellschaft insgesamt. Mit der Anzahl der „dominierenden" oder einfach aktiven Frauen oder Männer in der Gesellschaft, Politik oder Wirtschaft hat diese Dimension erst einmal nichts zu tun.

Beispiele für diese Kulturdimension: Extrem hohe Maskulinität zeigt die japanische Kultur (95), auf dem anderen Ende der Scala ist Dänemark (16) zu finden. Die deutsche Kultur liegt mit 66 etwa im Mittelfeld, wobei die durchsetzungsorientierten Werte über die fürsorglichen Werte dominieren, denn die Zahl liegt weit über 50. Für Russland hat *Hofstede* eine vorwiegende Femininität gemessen: 36 Punkte. Ähnlich mehr feminin als maskulin sind in ihrer grundsätzlichen Ausrichtung die türkische (45) oder portugiesische (31) Kultur.

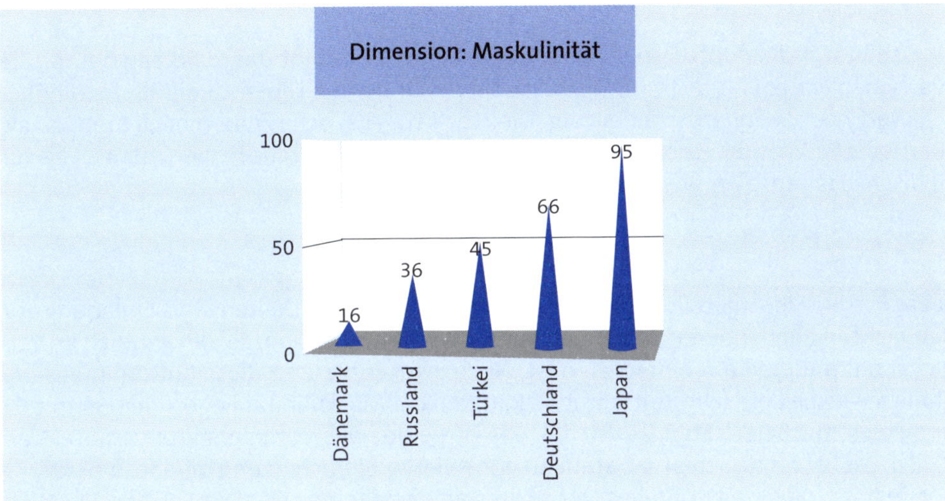

Da diese Kulturdimension von *Hofstede* schwer zu fassen ist bzw. über die Begrifflichkeiten oft gestolpert wird, geben wir hier ein Beispiel aus der Schulpädagogik (*Losche*).

Beispiel

Lehrer, die sich mit interkulturellen Klassen befassten, stellten fest, dass sich die Kulturdimension „Männlich versus Weiblich" im Stil des Lernens widerspiegelt. So ist z. B. die japanische Schule extrem auf Noten für rein schulische Leistung ausgerichtet, die Noten werden sehr früh und sehr oft vergeben, die Konkurrenz in der Klasse wird als Motivation angestachelt. Es scheint, dass die Schulkinder schon früh im System der Kultur ankommen, die nach *Hofstede* ausgesprochen maskuline Züge aufweist. Die skandinavische Schule steht demgegenüber mehr für Ausgleich; die soziale Kompetenz der Schüler – Hilfsbereitschaft, Kooperation, Streitkompetenz – wird auch benotet und wiegt fast mehr als die Ergebnisse in Tests und Diktaten. Und wundert es, dass die deutsche Schule irgendwo in der Mitte zwischen diesen „Extremen" liegt?

Zurück zu *Hofstedes* Ergebnissen für diese Kulturdimension. Obwohl die Ausprägung der„ weiblichen" oder „männlichen" Kultur nichts mit dem dominierenden Geschlecht zu tun zu haben scheint, unterscheidet sich das Verhalten von Frauen und Männer in maskulinen oder femininen Kulturen voneinander.

In den „weiblichen“ Kulturen sind Frauen ähnlich fürsorglich und mitfühlend wie die Männer in dieser Kultur. Die maskuline Kultur dagegen bringt Frauen und Männer innerhalb dieser Kultur auseinander: Frauen, die aus einer vorwiegend maskulinen Kultur kommen, sind durchsetzungsstärker und wettbewerbsorientierter als Frauen aus weiblichen Kulturen, jedoch weit weniger wettbewerbsorientiert als die Männer aus derselben Kultur.

Beispiel

Übersetzt auf die deutsch-russische Konstellation bedeutet das, dass sowohl für die russischen Frauen als auch für die russischen Männer die Lebensqualität einen höheren Wert hat als purer Karriereerfolg. Dies trifft für russische Frauen noch mehr zu als für russische Männer. „Leben um zu arbeiten“ trifft für deutsche Frauen mehr zu als für russische Frauen, aber weniger als für deutsche Männer.

Diese Forschungsergebnisse wollten wir Ihnen nicht vorenthalten – als Einladung zur Beobachtung der anderen Kultur und auch zur Selbstreflektion, die bekanntlich im Vergleich mit anderen am einfachsten ist. Noch zwei Zahlen für diese Kulturdimension: ähnlich wie die deutsche Kultur mit 66 Punkten der Maskulinität liegen die USA mit 62 und Polen mit 64 Punkten (*Hofstede*). Das ist gerade deswegen ein interessanter Vergleich, weil er im Widerspruch steht zu der – viel zu einfachen und geradezu platten – Vorstellung über ein kulturelles Nord-Süd-Gefälle oder eine Ost-West-Achse. Die Welt ist bunt und heterogen, und das ist gut so! Und genau um die Heterogenität der russischen Gesellschaft – jenseits von Geschlecht und Alter – geht es im folgenden Kapitel.

4. Dos & Don'ts

1. Unterschätzen Sie die russischen Frauen in ihrer Rolle in Wirtschaft und Wissenschaft nicht und vor allem – in ihrem Selbstbewusstsein. Denken Sie daran, dass sie „Kinder-Küche-Kirche“ vor mehr als hundert Jahren hinter sich gelassen haben und selbstverständlich die gleiche Ausbildung und gleiche berufliche Ambitionen haben wie die Männer.
2. Es ist in Russland ganz normal, Karrierefrau und Mutter gleichzeitig zu sein. Meiden Sie abfällige Bemerkungen über Ihre deutschen Kolleginnen, die sich in den Mutterschutz verabschieden und „wahrscheinlich nie wieder kommen“. Es kann sein, dass Sie als konservativer Macho abgestempelt werden und die Solidarität seitens russischer Partnerinnen mit ihren deutschen „Schwestern“ zu spüren bekommen.
3. Seien Sie als Mann höflich und galant, seien Sie als Frau freundlich und etwas „kumpelhaft“ in Ihrer Kommunikation mit weiblichen russischen Partnern.
4. Machen Sie Komplimente, geben Sie Geschenke (zum Internationalen Frauentag, zum Geburtstag und Neujahr) und schenken Sie (immer) Aufmerksamkeit!

E. Russen sind nicht gleich Russen! Ethnische, soziale und politische Heterogenität der russischen Gesellschaft

Beispiel

Ein deutscher Manager und seine Übersetzerin werden vom Flughafen in Sankt Petersburg mit einem vorbestellten Wagen abgeholt. Auf der Fahrt philosophiert der Gast aus Deutschland über die russische Seele und die russische Mentalität. Er merkt bald, dass der Fahrer nervös wird und sagt zu ihm: „Ich habe nichts gegen Russen, wissen Sie?" Der Fahrer erwidert: „Ich auch nicht!" Der perplexe Manager: „Ja sicher, Sie sind doch selber Russe!", worauf der Fahrer antwortet: „Genauso wenig wie Sie!"

1. Russland ist groß und vielfältig

Abgesehen von der alten Wahrheit, dass allgemeine Diskussionen über Stereotype grundsätzlich und in allen Kulturen die Kommunikation mit dem „Betreffenden" gefährden, haben wir es in dieser Situation mit einem russischen Phänomen zu tun: In Russland leben Menschen unterschiedlichster ethnischer Herkunft.

Über 100 Nationalitäten und nationale Gruppen sind zwar „Russen" im Sinne der Staatsangehörigkeit, aber keine Russen im Sinne der Herkunft.

Die russische Sprache macht deshalb hier auch einen Unterschied: „Russkij" bedeutet „russisch" und bezieht sich auf die ethnischen Russen, während „rossijskij" mit „russländisch" übersetzt werden kann und eben alle russischen Staatsbürger meint, gleichgültig, ob sie nun Russen sind oder nicht.

Die heutige Situation ist das Erbe des zaristischen Großrusslands, das eine exzessive Kolonialisierung betrieb, und auch das Erbe der Sowjetunion, die 15 unabhängige, ebenfalls ethnisch heterogene Staaten als Sowjetrepubliken vereinnahmte und diesen die russische Sprache als offizielle Landessprache verordnete. Hinzu kamen freiwillige und unfreiwillige Umwälzungen der Bevölkerung aus der Heimatregion in andere Regionen des großen Landes: Migration durch gigantische Bauprojekte und die Erschließung neuer Agrarflächen ebenso wie Deportation und Verbannung. Auch nach dem Zerfall der Sowjetunion bleibt Russland flächenmäßig der größte Staat der Welt: über 17 Millionen Quadratkilometer. Von Norden nach Süden erstreckt sich das Land über 2.000 km, von West nach Ost über 9.000 km. Russland liegt sowohl in Europa (25 % der Fläche) als auch in Asien (75 %), wobei seine Fläche für zwei Kontinente „ausreicht": Europa und Australien zusammen. Es ist kein Wunder, dass sich in solch einem ausgedehnten Land Menschen voneinander unterscheiden, bedingt durch Herkunft, Religion und regionale Gegebenheiten.

1.1 Wolgadeutsche

Der Fahrer in unserem Beispiel aus dem Jahre 2005 war ein sogenannter Wolgadeutscher, also ein Nachkomme der Menschen aus Deutschland, die von russischen Zaren im 18. Jahrhundert nach Russland eingeladen wurden, um die neuen Gebiete landwirtschaftlich zu erschließen. Zarin Katharina II., selbst deutscher Abstammung, erließ das Manifest vom 22. Juli 1763, mit dem sie Tausenden deutscher Bauern die Ansiedlung in den Ebenen beiderseits der Wolga, des größten russischen Flusses, ermöglichte. Sie versprach den Siedlern Religionsfreiheit, Steuerfreiheit und das Verfügungsrecht über ihr Land. Daher ist „Wolgadeutscher" die korrekte historische Bezeichnung für diese Menschen, unabhängig davon, ob sie heute die russische oder deutsche Staatsangehörigkeit haben. Zehn Jahre später wurde allen „neuen Einwohnern Russlands" Duldung ihrer religiösen Bekenntnisse im sogenannten Toleranzedikt versprochen – mit einer Ausnahme: Millionen von Juden, die nach der Teilung Polens zu russischen Untertanen wurden. Dazu später mehr.

Nach Jahrhunderten kulturell relativ isolierten Lebens wurden die deutschen Bauern von Stalin zwangsumgesiedelt – als potenzielle Verräter im Zweiten Weltkrieg – und zwar in die zentralasiatischen Republiken und nach Kasachstan. Bis in die 1980er Jahre hinein waren sie diskriminiert beim Zugang zur Hochschulbildung, bei den Karrierechancen, aber auch im Alltag. Deshalb musste auch der Fahrer aus unserem Beispiel, der eigentlich Klavierstimmer von Beruf war und nur Russisch sprach, aus Turkmenistan nach Russland umsiedeln, um seine Familie ernähren zu können. Schikanen von Behörden, kleine verbale Gemeinheiten oder auch mal körperliche Auseinandersetzungen in der Schule erfahren Wolgadeutsche immer noch in Russland. Von den so genannten „ethnischen" Russen, mit denen der Fahrer deutscher Abstammung – ausgerechnet von einem Deutschen – in einen Topf geworfen wurde!

Zugegeben, dieser Sankt Petersburger deutscher Abstammung sprach nur Russisch, und die Unterhaltung über die „Russen" und die „Deutschen" fand mithilfe einer Dolmetscherin statt. Sicher, die zwei ethnischen Deutschen hier sind nicht nur durch Hunderte von Kilometern zwischen ihren Wohnsitzen und durch ihren sozialen Status getrennt, sondern auch durch ihre Sozialisierung und die Sozialisierung ihrer Vorfahren über Jahrhunderte hinweg. Dennoch: Sensibilität in Bezug auf das vielfältige Russland und Respekt gegenüber den einzelnen Schicksalen und Herkünften ist in Russland immer angebracht.

Die meisten deutschstämmigen Russen sind inzwischen nach Deutschland ausgewandert. Da sie praktisch sofort die deutsche Staatsangehörigkeit erhalten, gibt es keine verlässliche Statistik über sie. Die russischsprachige Zeitung in Deutschland „Russkaja Germanija" (*Feldmann*) schätzt die Zahl der Spätaussiedler auf rund 3 Mio. Menschen. Aber nicht alle sind ausgewandert: Zu den berühmtesten Vertretern dieser ethnischen Minderheit in Russland zählt der Vorstandsvorsitzende von Gazprom Alexei Miller.

1.2 Deutsche Russen oder russische Deutsche?

Die deutschstämmigen Menschen, die aus der GUS und Russland nach Deutschland ausgewandert sind, bilden die Mehrheit der russischsprachigen Bevölkerung in

Deutschland. Naturgemäß bilden sie einen Personalpool für deutsche Firmen, die mit Russland zusammenarbeiten: Sie kennen beide Sprachen, beide Mentalitäten, sind gut ausgebildet, fleißig und zielstrebig – so ist das allgemeine Bild, das auch in einigen Umfragen bestätigt wird. Trotzdem sollten ihre deutschen Chefs und Kollegen nicht außer Acht lassen, dass hier oft eine gewisse Aversion gegenüber Russland und den ethnischen Russen vorherrscht. Sicher verständlich und „berechtigt", dennoch eventuell hinderlich. Im Allgemeinen kann man sagen: Je länger die deutschstämmigen „Russen" außerhalb Russlands leben, umso entspannter ist ihr Verhältnis zu ihrer alten Heimat. Mit der Zeit erkennen sie, wie viel von der russischen Kultur und sowjetischen Geschichte in ihnen steckt, und außerdem ist auch in ihrer neuen-alten Heimat Deutschland nicht alles Gold, was glänzt. Oft wirkt die Ausgrenzung seitens der hiesigen Deutschen, wenn diese ihnen ihre deutschen Wurzeln aberkennen und sie einfach „die Russen" nennen – ernüchternd und schmerzlich – als kalte Dusche.

Beispiel

Alexander Martens: „Dort waren wir die „deutschen Faschisten", hier sind wir die nichtsnutzigen Russen. Dort wurden wir für besondere Tüchtigkeit beschimpft, hier als soziale Parasiten! Schon krass. Als ich hier zum ersten Mal als Russe bezeichnet wurde, ballten sich mir die Fäuste, nach alldem, was meinen Eltern und Großeltern widerfahren ist. Auch ich selbst wurde in der Schule als Deutscher beschimpft und geschlagen, Medizin studieren durfte ich nicht, als angehender Landschaftsingenieur durfte ich nicht mal nach Bulgarien zum Austauschpraktikum – nur richtige Russen galten bezüglich der Rückkehr als unbedenklich. Übrigens, bei der Gelegenheit habe ich meine Frau kennengelernt, die als Jüdin von der Reise ebenfalls ausgeschlossen war. Wir sind längst geschieden, sie ist mit ihrem Vater und meiner Tochter nach Israel ausgewandert. Meine Tochter ist ganz stolz auf ihren deutschen Namen: Sie ist wohl dort die Einzige, die Martens heißt."

1.3 Kulturelle Gleichschaltung in der Sowjetunion

In den Schilderungen von Alexander Martens zeigt sich noch ein Phänomen: Gemischte Ehen waren zur Sowjetzeit recht verbreitet. Durch die von sowjetischen Ideologen angestrebte und energisch durchgesetzte kulturelle und (a)religiöse Nivellierung, die in der Gattung des „Sowjetmenschen" münden sollte, verloren viele Vertreter der Minderheiten ihre Bande mit ihrer Kultur und ihren Vorfahren. Die Religion spielte zur Sowjetzeit ohnehin keine Rolle, nur einige Wenige heirateten – heimlich – in Kirchen und Synagogen. Einzig legal und obligatorisch war die standesamtliche Zeremonie unter der sowjetischen Flagge und mit Blick auf den jeweiligen Führer des Landes auf der Wand. So heiratete man auch Leidensgenossen aus der gleichen oder anderen Minderheit oder eben die große Liebe aus dem „Lager" der ethnischen Russen.

Mit dem Ergebnis, dass auch russische Staatsangehörige, die sich als Russen bezeichnen, unterschiedliche Vorfahren haben können und eventuell das Trauma ihrer Diskriminierung mit sich herumtragen.

Auch hier ist jedem Westler Vorsicht angeraten: Gerade weil es unterschwellig wirkt, kann sich das Thema der Nationalität zu einem regelrechten Minenfeld in der Kommunikation entwickeln.

Eine sarkastische Bemerkung einem Russen gegenüber über den Unabhängigkeitswillen von Ukrainern kann nach hinten losgehen, wenn die Mutter dieses „Russen" aus der Westukraine stammt und zur Sowjetzeit diskriminiert wurde. Auch einem angeblichen Aserbaidschaner, der heute in Rostow lebt, sollte nicht unbedingt ein Radio-Eriwan Witz erzählt werden: Es ist möglich, dass in seiner Verwandtschaft Armenier vorkommen, die nach Aserbaidschan deportiert wurden.

Zur sowjetischen kulturellen Gleichschaltung aller Nationen und Nationalitäten des Landes gehörte selbstverständlich die entsprechende Geschichtsschreibung: Dort kamen weder der Völkermord an den Armeniern im Ersten Weltkrieg noch der Holocaust gegen die Juden im Zweiten Weltkrieg vor. Die natürliche Gegenreaktion der Menschen nach dem Zerfall der Sowjetunion und nach dem Wegfall der sowjetisch-kommunistischen Gleichmacherei ist heute zu beobachten: Die religiöse und nationale Identität jeder Minderheit wird stärker ausgelebt und selbstbewusster betont. Nicht weniger stark ist das Wachstum der kulturellen und religiösen Identität der ethnischen Russen selbst. Die Kirchen sind voll, die Minarette ragen stolz in den Himmel, und im Hof von Synagogen wird anlässlich einer Chupa (Hochzeit) fröhlich getanzt.

Die Rückbesinnung auf ethnische, religiöse und kulturelle Unterschiede kann nicht nur einen Stolperstein beim Small Talk mit einem „Russen" oder einer „Russin" darstellen. Sie muss auf jeden Fall in deutschen Firmen bei der Einstellung von russischsprachigen Menschen für den Einsatz in Russland berücksichtigt werden. Einerseits kann es durchaus positiv wirken, wenn die Menschen, deren Wurzeln von der russischen Mehrheit abweichen, eine gewisse Distanz mitbringen, die sie daran hindert, sich mit russischen Partnern vor Ort allzu sehr zu verbrüdern. Andererseits sollte diese Distanz, entstanden durch Erlittenes von Eltern und Großeltern, nicht zur pauschalen inneren Ablehnung alles Russischen führen.

1.4 Russische Koreaner

Die meisten russischen Bürger koreanischer Herkunft, etwa 200.000 Menschen, sind Nachfahren koreanischer Bauern, die Anfang des 20. Jahrhunderts aus dem extrem dicht besiedelten Korea in die fernöstlichen Regionen Russlands gezogen sind. Sie waren Bauern und führten ein beschauliches Leben in der Region um Wladiwostok, meist in koreanischen Dorfgemeinschaften und mit eigenen Schulen. Aber schon Ende der 1930er Jahre, als der Kalte Krieg mit Japan ausbrach, wurden sie von den sowjetischen Behörden deportiert, in möglichst weit von der fernöstlichen Grenze liegende Gebiete, meist nach Kasachstan und Usbekistan.

Beispiel

Die 30-jährige russische Koreanerin *Marina Kim*, die heute in Berlin lebt, erzählt: „Meine Großeltern konnten zum Zeitpunkt der Deportation überhaupt kein Russisch sprechen. Der Schock der Enteignung, Entwurzelung und des kulturellen Neuanfangs saß bis zum Tode tief in ihnen. Ob es damit zu tun hatte oder einfach aus alter Tradition, heirateten Koreaner nur Koreaner. In der Generation meiner Eltern und eigentlich auch in meiner Generation, also immer noch. In meiner großen Sippe gab es nur zwei Ausnahmen: eine Tante, die in Moskau studierte und dort einen Russen heiratete, und ich, die einen Deutschen in Taschkent kennenlernte und heiratete. Interessant vielleicht, dass sowohl meine Mutter als auch mein Vater mit Nachnamen Kim heißen. In solchen Fällen wird sorgfältig geprüft, von welchem Stamm die Brautleute kommen. Sind sie zu nahe verwandt, ist eine Heirat ausgeschlossen. Es war bei uns üblich, nicht nur unter sich zu heiraten, sondern auch bei Freundschaften unter sich zu bleiben. Auch darin war ich früh eine Ausnahme, denn meine besten Freundinnen waren jüdisch. Wir alle sprachen schon Russisch als Muttersprache, und die russische Kultur – allein durch die Sprache – war bei allen Traditionen der Familie und bei allen Einflüssen von Nachbarn dominant."

Als sich Marinas Vorfahren schon in ihrem neuen Leben in den mittelasiatischen Republiken der Sowjetunion eingerichtet hatten, kamen weitere 1.000 Koreaner nach Sachalin. Aber nicht freiwillig, sondern als Zwangsarbeiter des japanischen Kaisers, als er 1943 diese Halbinsel besetzte. Viele Koreaner blieben dort auch nach der Niederlage Japans im Krieg und nach der Befreiung bzw. Teilung Koreas. Viele dieser Koreaner haben die Chance genutzt, die ihnen Südkoreas Rückkehrgesetz eröffnet, aber sehr viele sind geblieben – wegen der kulturellen Prägung, oft wegen des liebgewonnenen Stücks Land und manchmal wegen des nichtkoreanischen Partners.

1.5 Russische Juden

Die meisten russischen Juden kamen nicht freiwillig nach Russland: Mit der Teilung Polens und dem Anschluss an Russland waren über 2 Mio. Juden, die im annektierten polnischen Gebiet lebten, auf einmal Untertanen der russischen Zaren. Diese betrieben offiziellen Antisemitismus – sogar die Zarin Katharina die Große, die einen Schriftwechsel mit Voltaire unterhielt und allen Nationalitäten im großen russischen Reich religiöse Freiheit und Gleichheit der Bürgerrechte bescherte, machte für Juden eine Ausnahme. Besonders schmerzhaft und bisweilen lebensgefährlich war für russische Juden der Rekrutendienst in der Zarenarmee, der 25 Jahre dauerte. Die Quote für Rekruten wurde zentral festgelegt, und für Juden betrug sie das Dreifache im Vergleich zu Russen. Um diese Quote zu erfüllen, wurde das Alter des Dienstantritts für Juden von 18 auf 13 Jahre heruntergesetzt!

Diese drakonischen Regelungen waren der Auslöser für die Emigration der Juden aus polnischen und litauischen Gebieten nach Südafrika und nach Argentinien. In Kernrussland durften sich sowieso keine Juden niederlassen, es sei denn, sie waren extrem reich oder hatten Medizin studiert. Diejenigen, die die Emigration nicht bis zum Ausbruch des Ersten Weltkrieges geschafft hatten, wurden nach Sibirien deportiert. Und diejenigen, die unter den Bolschewiken in den zwanziger Jahren zurückkamen und nicht in den „Genuss" der Evakuierung durch Stalin im 2. Weltkrieg kamen, wurden von den Nazis ermordet. Besonders bitter war, dass die sowjetischen Machthaber sehr wohl Bescheid darüber wussten, was mit den Juden im von Deutschland besetzten Polen geschah. Sie verschwiegen es aber nicht nur ihren eigenen Bürgern, sondern erschwerten auch diesen besonders gefährdeten Menschen die Evakuierung in die Ostgebiete Russlands.

Das Trauma des Holocaust hat bei den russischen Juden tiefe Spuren hinterlassen, zumal es in der sowjetischen Geschichtsschreibung als Thema überhaupt nicht vorkam. Jedoch konnten russische und sowjetische Juden mit der Waffe in der Hand an der Front kämpfen, sich als Partisanen bewähren und zuweilen auch auf die Hilfe ihrer nichtjüdischen Nachbarn zurückgreifen.

Besonders bizarr: Die sowjetische Definition der Juden glich der der Nazis – nicht nach Religionszugehörigkeit, sondern „nach dem Blut" und entsprechend nach Volljuden und Halbjuden. In der Sowjetunion wurden Juden in allen Lebensbereichen offiziell und inoffiziell schikaniert und durften außerdem nicht das Land verlassen. Zur Stalinzeit war das nicht nur bedrückend, sondern auch lebensgefährlich. Mit dem Ende der Sowjetzeit setzte eine Massenemigration nach Israel, USA und auch nach Deutschland ein. Die von den Kommunisten als „Kosmopoliten" beschimpften russischen Juden beweisen in der Tat ihre internationale Flexibilität und bilden unserer Meinung nach eine interessante Zielgruppe bei der Rekrutierung von Fachkräften für international tätige deutsche Unternehmen.

Drei prominente Namen russischer Juden (nach Alter aufgelistet):

- Der in Moskau lebende Schriftsteller Boris Natanowitsch Strugazki,
- die in München lebende Primaballerina und Choreographin Marija Michailowna Plissezkaja und
- der in London lebende Oligarch Roman Abramowitsch.

1.6 Tataren

Die Besonderheit dieser ethnischen Minderheit in Russland besteht darin, dass sie eine eigene autonome Republik innerhalb Russlands besitzt und in anderen Teilen Russlands, sogar auf der Krim und vor allem in Moskau, vertreten ist. Die Republik Tatarstan hat etwa 4 Mio. Einwohner, von denen nur 52 % ethnische Tataren sind. In Moskau leben – und zwar seit eh und je – knapp 200.000 Tataren, in Russland insgesamt mehr als 5 Mio. (**www.tatarstan.ru**). Dieses Volk hat eine eigene Sprache, die zu den Turksprachen gehört. Das Tatarische variiert zwar von Region zur Region, ist jedoch im Kern dieselbe Sprache, ob in Moskau oder in Sibirien, wo viele Tataren sich schon im 10. Jahrhundert ansiedelten. Interessant, dass die tatarische Sprache keine eigene Schrift bilden konnte: Bis zum Jahre 1927 schrieben russische Tataren in arabischer Schrift, bis 1936 in lateinischer und seitdem bis heute in kyrillischer Schrift.

Trotzdem blieb die tatarische Kultur eigenständig. Dazu trug ein auf Wohlstand gegründetes Selbstbewusstsein bei: Tatarische Siedlungsgebiete waren und sind reich an Öl. Hier waren und sind Maschinenbau, Textilindustrie und auch Landwirtschaft hoch entwickelt. Andererseits bewahrte das tatarische Volk seine Tradition mit ihrer starken religiösen Komponente. Trotz der Zwangssäkularisierung zur Sowjetzeit blieben Tataren in ihrer absoluten Mehrheit bekennende Muslime sunnitischer Ausrichtung.

Über die Beachtung von Speisevorschriften für Muslime sprachen wir bereits in Kapitel C. Jedoch gilt die Empfehlung eines alkohol- und schweinefleischfreien Angebots nicht nur für Delegationen aus Tatarstan oder ehemaligen Sowjetrepubliken wie Usbekistan oder Aserbaidschan, die den Islam zur offiziellen Staatsreligion ausgerufen haben. Tataren und andere Menschen muslimischen Glaubens kann man überall in Russland und in der ehemaligen Sowjetunion antreffen. Sie punkten sehr stark damit, wenn Sie Ihr Angebot an Speisen, Getränken oder Restaurants danach richten, dass immer jemand dabei sein kann, der kein Schweinefleisch isst. Das verbietet übrigens auch das jüdische Speisegesetz. Ob sich die- oder derjenige daran hält oder nicht, ist zweitrangig. Hauptsache, Sie haben Ihre Gastfreundlichkeit bewiesen und sich auch von den Westlern unterschieden, für die Russland und Russen eins ist. Beides wird von Ihren Partnern dankbar registriert, gewürdigt und vielleicht in Zukunft belohnt.

Es scheint so, dass sich Tatarstan selbst zu einem interkulturellen Paradies entwickelt. In der Republik Tatarstan lebt eine Vielzahl von Menschen verschiedener Nationen und Ethnien: Neben den Tataren und Russen sind es Tschuwaschen, Ukrainer, Baschkiren, Mordower und Marizer, um nur die größeren Gruppen zu nennen. Bei den Religionen sind es vor allem der Islam und das russisch-orthodoxe Christentum, aber es gibt auch Katholiken, Protestanten und Juden, ganz abgesehen von Atheisten. Dabei sind die Menschen stolz auf ihr friedliches multikulturelles und multireligiöses Miteinander. Obwohl auch hier eine verstärkte Hinwendung zur Religion spürbar ist, führt sie nicht zu Intoleranz. Die Regierung der Republik fördert diese Einstellung durch Entscheidungen mit hoher Symbolkraft: So wurde 2005 die Kul-Scharif-Moschee mitten im historischen Kasaner Kreml (Unesco-Weltkulturerbe) neu errichtet, gleichzeitig aber auch die benachbarte russisch-orthodoxe Mariä-Verkündigungs-Kathedrale renoviert. Auch wenn die Regierung hierbei vermutlich das Interesse verfolgt, den Einfluss radikaler islamischer Strömungen einzudämmen, wird die Grundeinstellung der Toleranz ganz offenbar von der Bevölkerung getragen. Bei tatarischen Gesprächspartnern kann man immer wieder den Stolz auf diese (inter)kulturelle Leistung spüren, und auch darauf, dass inzwischen ausländische Delegationen die Republik besuchen, um sich über diese Erfolgsgeschichte zu informieren.

Ebenfalls zur Erfolgsgeschichte wurde die wirtschaftliche Entwicklung in dieser – weitgehend ökonomisch unabhängigen – Republik. Der erste Präsident der Republik (von

1991 bis 2010) Mintimer Scharipowitsch Schaimiew sieht da einen unmittelbaren Zusammenhang: „Ohne einen cross-nationalen Konsens und eine soziale Stabilität wäre eine langfristig erfolgreiche Umstrukturierung der Wirtschaft nicht möglich. Im Jahre 1994 wurde sogar von der Harvard-Universität der Terminus „Model Tatarstan" eingeführt, als Vorbild einer politischen und ökonomischen Transformation." (*Faissulin*).

Tatarstan gehört zu den erfolgreichsten Regionen Russlands und zu den erfolgreichsten Republiken der ehemaligen Sowjetunion. Und auf diesem hohen Niveau wird weiterhin Wachstum vermeldet. Laut dem Statistischen Amt der Republik stieg die Industrieproduktion 2011 im Vergleich zu 2010 um 10 %, die landwirtschaftliche Produktion um knapp 30 %, der Handelsumsatz stieg um 7 % und es wurden 25 % mehr Wohnungen gebaut. Besonders angesichts dieser Zahlen dürften die Bewohner der zwei russischen Hauptstädte von Neid erfasst werden.

Beispiel

Bei den Abschlussverhandlungen zum WTO-Beitritt Russlands ist den deutschen Medien die resolute Leiterin der russischen Delegation aufgefallen: Elvira Nabiullina. Sie ist 1963 in Ufa geboren und kommt aus einfachsten Verhältnissen. Nach Studium und Promotion an der Lomonosow-Universität arbeitete die Volkswirtin in der Wirtschaftsforschung, bis sie zum Ministerium für ökonomische Entwicklung gerufen wurde, das sie seit 2007 leitet. Die Powerfrau, übrigens eine der drei Ministerinnen im aktuellen russischen Kabinett (Stand Anfang 2012), steht zu ihren tatarischen Wurzeln.

2. Vielvölkerstaat aus innerrussischer Sicht

Es stellt sich die Frage: Wie geht die russische Gesamtbevölkerung mit der ethnischen Heterogenität Russlands um? Eine im Auftrag der Friedrich-Ebert-Stiftung durchgeführte Studie (*Gorschkow*) untersucht die städtische Mittelschicht im Vergleich zur Stadtbevölkerung insgesamt. Es ist davon auszugehen, dass sowohl Ihre Ansprechpartner als auch Ihre wichtigsten Zielgruppen zu diesem soziologischen Segment gehören. Auf die Frage: „Sollten ethnische Russen in Russland eine privilegierte Stellung haben?" antworten immerhin 12 % aus der Mittelschicht (19 % der Städter), dass Russland ein Staat nur für ethnische Russen sein soll. Allerdings meinte die Mehrheit (59 % aus der Mittelschicht und 50 % der städtischen Bevölkerung), dass alle Völker Russlands die gleichen Rechte haben sollten. Dazwischen liegt die Position „Russland ist ein Vielvölkerstaat, aber die ethnischen Russen sollten als Mehrheit mehr Rechte haben" (29 und 31 % respektive).

Die vorformulierten Aussagen liegen jenseits der westlichen **Political Correctness** eigentlich im Graubereich des Nationalismus. Aber das ist aus russischer Sicht kein großes Problem. Die Ergebnisse legen vielmehr nahe: Die Mehrheit der Befragten begreifen Russland als eigene Zivilisation, die die westliche Lebensweise und westliche Werte nicht kopieren sollte.

An dieser Stelle sei noch ein Phänomen der postsowjetischen Ära erwähnt: russische Migranten, die nie in ihrem Leben umgezogen sind. Alle ehemaligen Sowjetrepubliken und mittlerweile unabhängige Staaten haben unter ihren Einwohnern ethnische Russen „geerbt", mal mehr, mal weniger, mal mehr in die entsprechende Landeskultur integriert, mal mehr mit Russland verbunden und sich in der Diaspora fühlend.

Litauen	200.000	6,7 %	(2011)
Moldawien	200.000	5,9 %	(2004)
Estland	340.000 –	21,6 %	(2009)
Lettland	600.000 –	27 %	(2010)
Kasachstan	3.800.000 >	24,5 %	(2009)
Ukraine	8.300.000 >>	17,3 %	(2001)

Abb. Ethnische Russen (absolute Zahl und Anteil in der Bevölkerung) laut jeweiligen Staatlichen Statistischen Ämtern (das Jahr der Erhebung)

Knapp 4 Mio. (über 20 %) der Einwohner Kasachstans bezeichnen sich als Russen, und die Ukraine zählt über 8 Mio. Bürger russischer Herkunft (17 %). Diese Menschen sprechen Russisch als Muttersprache und eignen sich recht gut für die Arbeit in Russland und mit Russen.

Vor allem möchten wir auf die russische Minderheit in den baltischen Staaten hinweisen. In Estland sind es über 300.000 Menschen, in Lettland 600.000 und in Litauen über 200.000, und zwar als Bürger der EU! Vereinfachte Einreise- und Arbeitsbedingungen für litauische Bürger bestehen bereits, weitere Erleichterungen für die Beschäftigung aller Einwohner des ehemals sowjetischen Baltikums werden kommen.

Diese Zielgruppe ist für die Rekrutierung von Fachkräften besonders zu empfehlen: Viele Russen und Balten sind mehrsprachig. Ihre Kultur unterscheidet sich zwar voneinander, liegt aber in mehreren Dimensionen wesentlich näher an der deutschen und westlichen Kultur als die „rein" russische Kultur.

3. Politische und soziale Heterogenität der russischen Gesellschaft

Dass eine Gesellschaft aus unterschiedlichen Schichten oder nach Definition der Sinus-Methodik (*Hradil*) aus mehreren Milieus besteht, ist länderübergreifend gültig. Aber es wäre überraschend, wenn nicht auch hier eine russische Besonderheit vorzufinden wäre.

Durch alle Milieus hindurch, quasi als dritte Dimension, teilt sich die russische Gesellschaft in zwei Gruppen: in Modernisten und Traditionalisten (*Gorschkow*).

Die Trennlinie liegt schon in der Bewertung der historischen Vergangenheit: die Rolle der Zaren, die Rolle der sowjetischen Führer, die Bedeutung des Sieges im 2. Weltkrieg. Daraus ergeben sich automatisch unterschiedliche Positionen zu „Gut“ und „Böse“ in den heutigen politischen und sozialen Prozessen. Aber der wichtigste und tiefste Graben, der russische Traditionalisten und Modernisten aus allen Schichten der Gesellschaft voneinander trennt, liegt in der Frage: Wie verhalten sich persönliche Freiheit und Staatsmacht zueinander? Im Jahre 2008 wurden nur 20 % Modernisten gemessen (6 % weniger als drei Jahre zuvor), der Anteil der Traditionalisten ist genau um diese 6 % von 41 auf 47 % gewachsen. Die im Mittelfeld liegende „Mischeinstellung“ zur Vergangenheit (33 % der Befragten) schlug sich aber mehrheitlich zu der Einschätzung der Traditionalisten, dass die persönliche Freiheit gegenüber der Staatsmacht sekundär ist.

Denken Sie bitte an diese Zahlen, bevor Sie eine sarkastische Bemerkung über „Rückwärtsgewandte“ oder über DDR-Nostalgiker äußern: Die Wahrscheinlichkeit, dass Ihr Ansprechpartner – unabhängig von seiner Ausbildung, sozialen Stellung oder seinem Alter – zu dieser Gruppe gehört, ist recht hoch.

Die Aufteilung der Menschen in Traditionalisten und Modernisten ist in Russland nicht neu. Früher verlief die Trennlinie zwischen „Славофилы“ und „Западники“, d. h. „Slawophilen“ und „Westlern“. Der Streit zwischen diesen Strömungen erfasste im 19. Jahrhundert nicht nur Literatur und Philosophie, sondern auch Politik und Ökonomie. *Tschechow* lästerte über den Spagat des russischen Menschen zwischen West und Ost: „Unser Ehrgeiz und Eigendünkel sind europäisch, doch Entwicklung und Schaffen sind asiatisch“ (*Falkner*). Auch damals war diese Zweiteilung der russischen Gesellschaft unabhängig von Bildung oder gesellschaftlichem Status. Die sozialen Milieus in Russland waren und sind nicht einem der beiden Lager eindeutig zuzuordnen.

Somit ist die Aufteilung der Gesellschaft nach ihrer Lebensweise und nach ihrem sozialen Status in der SINUS-Studie unserer Ansicht nach in Russland weniger aussagefähig für eine Einschätzung der politischen und sozialen Einstellung – im Gegensatz zu vielen anderen Ländern.

Die Berücksichtigung der SINUS-Aufteilung der russischen Gesellschaft in z. B.

- „Proletarier“,
- „Erfolgsorientierte“,
- „Intelligenzija“,
- „Alternative“ oder
- „Goldrussen“ (*Hradil*)

ist sicherlich von Bedeutung bei der Planung der Marketingmaßnahmen für den russischen Markt. Die Milieus in Russland sind stabiler, weniger durchlässig als im Westen. Außerdem umfasst jedes von ihnen schlicht und einfach viel mehr Menschen als die Milieus hierzulande.

Als weitere russische Besonderheit kann die Spaltung der Gesellschaft in Beamte und andere Bürger genannt werden. Die zuvor zitierte Studie der Friedrich-Ebert-Stiftung zeigt, dass etwa ein Drittel der Befragten ein großes Konfliktpotential zwischen den Staatsbediensteten und Nicht-Staatsbediensteten sieht. Allein die Benennung dieses Konflikts stimmt nachdenklich: Es geht offenbar um eine Art Kaste, die sich heute noch in Russland von dem Rest der Bevölkerung – in ihren Rechten, in Möglichkeiten? – unterscheidet.

Es überrascht nicht, dass auch der Kontrast zwischen Armen und Reichen als ein konfliktsreiches Spannungsfeld genannt wird. Denn die russische Gesellschaft polarisiert sich weiterhin dramatisch nach dem Einkommen – auch nach der massiven finanziellen Umverteilung in den 1990er Jahren. Nach der offiziellen Statistik von 2010 übersteigt das Durchschnittseinkommen der 10 % reichsten Russen um das 15,3-fache das Durchschnittseinkommen der 10 % ärmsten Russen. „Russlands Perspektiven" (*Gontmacher*) nennt als Dunkelziffer das 30-fache. Auch wenn Sie in Ihrem alltäglichen Geschäftsgeschehen wahrscheinlich mit den 80 % der Bevölkerung zu tun haben, die zwischen diesen Extremen liegen, ist von Bedeutung, wie weit die Heterogenität der russischen Gesellschaft beim Einkommen liegt.

In diesem Exkurs in die russische Gesellschaft konnten wir nur punktuell zeigen, wie unterschiedlich die Menschen in Russland sind, welche kulturellen, religiösen und sozialen Variationen es gibt. Die praktische Folgerung daraus kann nur Vorsicht und Achtsamkeit sein: Die Kommunikation mit Russen kann ernsthaft gestört werden, wenn Sie unbeabsichtigt auf einen wunden Punkt bei Ihrem russischen Gegenüber treffen.

Umgekehrt können Ihnen Ihr Wissen und Ihre Sensibilität in diesen Fragen, gerade bei Minderheiten jeder Art, viel Sympathie einbringen.

4. Dos & Don'ts

1. Seien Sie vorsichtig mit Bemerkungen wie „typisch russisch" oder „Ihr Russen". Stereotype können auch „richtige" Russen beleidigen, für die zahlreichen Minderheiten in Russland können solche Bemerkungen schmerzlich sein.
2. Als Gastgeber sollten Sie berücksichtigen, dass unter Ihren Gästen aus Russland Muslime (kein Alkohol, kein Schweinefleisch, Ramadan) oder Juden (kein Schweinefleisch, keine Meeresfrüchte) etc. sein können.
3. Seien Sie vorsichtig mit Bemerkungen, die russische Politik bewerten. Die Wahrscheinlichkeit, dass Sie auf „Traditionalisten" stoßen, die jeglichen Vergleich mit dem Westen ablehnen, ist sehr groß – in allen sozialen Schichten.

F. Zeit ist nicht nur Geld, Zeit ist mehr

Zeitbegriff im Denken und Handeln und praktische Folgen

Beispiel

„Ich brauche dringend Ihre Hilfe!“ Die Kundin klingt verzweifelt. „Ich muss morgen meinem Chef ein Konzept für eine Study Tour in Europa vorlegen, irgendwas zum strategischen Management, zehn Tage, nach Deutschland und Frankreich, mit möglichst vielen Besuchen bei Unternehmen“. Morgen? Seit wann sie das wohl weiß? Schließlich sind Weiterbildungsveranstaltungen auch in Russland normalerweise keine hochdramatischen, spontan entschiedenen Einzelaktionen. Aber solche Gedanken nützen nichts, also besser alle anderen Aufgaben verschieben, den französischen Partner um schnelle Unterstützung bitten, bei ein paar Unternehmen wegen der Besuche sondieren und erstmal das erbetene Konzept erstellen. Überschwänglicher Dank ist der Lohn, aber danach passiert monatelang nichts. Die Study Tour? Ja, man überlegt noch. Bis eines Tages, vielleicht ein halbes Jahr später: „So, jetzt ist alles klar – wir wollen das durchführen. Es ist wirklich toll, wir können schon in zwei Wochen kommen! ...“

Wie wir die Zeit auffassen und wie wir mit der Zeit umgehen, ist mehrfach kulturell bestimmt: Die Strukturen der realen Welt spielen dabei ebenso eine Rolle wie verinnerlichte Werte und Normen. Genau deshalb ist es auch wirklich nicht einfach, in interkulturellen Zusammenhängen einen gemeinsamen Nenner zu finden – wie das Beispiel zeigt.

1. Deutscher und russischer Umgang mit der Zeit

Wie immer bei kulturbedingten Phänomenen ist es interessant, sich zunächst über die eigene Kultur klar zu werden. Deshalb nehmen Sie sich bitte einen Moment Zeit und überlegen Sie, wie Ihr persönliches Zeitmanagement aussieht.

Gedankenspiel
Wie sieht es aus, wenn Sie Ihre Zeit planen?

Wie legen Sie Prioritäten fest?

Kennen Ihre Kunden Ihre private Telefonnummer?

Rufen Sie Ihre Kollegen oder Geschäftspartner abends an?

Wie reagieren Sie auf Verzögerungen und kurzfristige Änderungen?

Wie geht es Ihnen, wenn Sie einen vereinbarten Termin nicht einhalten können?

Wie oft am Tag organisieren Sie Ihren Zeitplan um?

In Deutschland wird Zeit als knappes Gut betrachtet und der Pünktlichkeit dementsprechend eine große Bedeutung beigemessen. Es gibt Fahrpläne von Bussen und Bahnen, die Abfahrtzeiten in Minuten angeben (das ist bei Weitem nicht in allen Ländern der Fall). Ebenso bei geschäftlichen Terminen: Alles andere als Pünktlichkeit wird als grob unhöflich gewertet, situationsbedingt eventuell mit ein paar Minuten Toleranz (*Schröter*). Außerdem gilt das Prinzip: Immer eins zur Zeit! Zeitmanagement-Ratgeber helfen uns, noch die letzte Zeitreserve des Tages auszunutzen. Es ist wichtig, an dieser Stelle zu betonen, dass dies die einzelne Person in ein ziemlich starres Korsett aus eigenem Anspruch und sozialen Erwartungen zwängt. Das Ganze funktioniert nämlich nur, wenn sich alle – mehr oder weniger – daran halten.

Wie sieht es nun mit der Zeit in Russland aus? Gehen die Uhren dort anders? Nicht unbedingt, aber während Deutsche meist mit nur einer Zeitachse leben, haben die Russen viele Achsen. Es wird erwartet, dass man schnell und unabhängig von der jeweiligen Situation reagiert, den Tagesplan ständig neuen Gegebenheiten anpasst und auch mehrere Dinge gleichzeitig tut. Das ist eine ganz andere Situation. Seit es Mobiltelefone gibt, hat sich der Flexibilitätsgrad russischer Manager noch einmal erhöht und es stört kaum jemanden, wenn der Gesprächspartner nebenbei noch das eine oder andere Telefonat führt, Anrufe annimmt oder SMS und Email checkt.

So soll es laufen beim Zeitmanagement: in Deutschland pünktlich und nacheinander, in Russland flexibel und gleichzeitig.

2. Kulturdimension Zeiterfahrung: monochrone und polychrone Zeitkultur

Dieser unterschiedliche Umgang mit der Zeit wird von einer Reihe von Wissenschaftlern als Kulturdimension bezeichnet, z. B. von *Edward Hall*, einem der Pioniere der Idee, kulturelle Unterschiede unter Bezug auf definierte Kriterien zu beschreiben. Er spricht von monochronen und polychronen Kulturen. Allerdings geht es bei dieser Einteilung nicht in erster Linie um ein unterschiedliches Empfinden der physischen Zeit, wie wir es sonst manchmal erleben, wenn uns eine Wartezeit unerträglich lang erscheint oder eine angenehme Zeit wie im Flug vergeht. Das wichtigste Kriterium bei der Unterscheidung der Kulturdimension „Zeit" ist vielmehr der Bezugspunkt der zeitlichen Organisation: Geht es um die Sache oder um Beziehungen zu anderen Menschen?

In monochronen Kulturen sind die Menschen bei der Zeiteinteilung eher auf die Sache, ein Ziel oder eine Aufgabe konzentriert. Die einzelnen Tätigkeiten, die sie ausführen, werden möglichst effizient auf diese Sache ausgerichtet. Privates und Geschäftliches werden oft streng getrennt gehalten und weder zeitlich noch von den Beziehungen zu anderen Menschen her vermischt: „Am Freitag nach eins macht jeder Seins!" Insbesondere im geschäftlichen Bereich wird der persönlichen Ebene eher wenig Bedeutung beigemessen, auch wenn man es sicher als angenehm empfindet, wenn „die Chemie stimmt".

Beispiel

Hall beschreibt diese Zeitauffassung so: Der monochrone Mensch sieht die Zeit wie eine Reihe von Kartons auf einem Fließband an sich vorbeiziehen. Seine Aufgabe ist es nun, jeden Karton mit sinnvollem Inhalt zu füllen. Einen Karton einfach so an sich vorbeigleiten zu lassen, ohne ihn zu nutzen, sieht dieser Mensch als Verschwendung an. Deshalb spielt hier auch Pünktlichkeit so eine große Rolle: Wenn man eine halbe Stunde auf jemanden warten muss und nichts Sinnvolles in dieser Zeit tun kann, ist der Karton dieser Stunde nur halb gefüllt. Man hat also seine Aufgabe nicht erfüllt und gerät deshalb in Stress. Das wiederum führt zu Ärger auf die Verursacher dieser misslichen Situation, das ist klar. Dies heißt nun nicht, dass sich monochrone Menschen nie erholen – aber sie packen die Erholung eben in einen anderen Karton als die Arbeit und das auch meist mit anderen Personen als die mit der Aufschrift „Achtung: Arbeit!".

2.1 Monochrone Zeitkultur in Deutschland

Diese monochrone Zeitauffassung sieht *Hall* in Deutschland besonders deutlich ausgeprägt, ebenso in Nordamerika und Großbritannien. Er beschreibt die deutsche Zeitkultur so:

„Zeit liegt im Kern der deutschen Kultur. Für Deutsche ist sie einer der prinzipiellen Wege, das Leben zu organisieren. [...] Die Deutschen liegen sehr hoch auf der monochronen Skala. [...] Seien Sie gewarnt: Pläne zu verändern, wenn die Dinge erstmal feststehen, kann Deutschen als willkürlich und unverantwortlich erscheinen. [...] Pünktlichkeit wird in Deutschland als selbstverständlich angesehen – es ist geradezu eine Obsession."

Das mag uns schon fast ein bisschen karikierend erscheinen, aber so ist eben die Sicht von außen.

Monochrone Kultur: Sachorientiert, auf Effizienz ausgerichtet, mit Trennung zwischen Persönlichem und Sachlichen (oder Geschäftlichen) und fester Zeiteinteilung.

2.2 Polychrone Zeitkultur in Russland

Da *Hall* seine Studien noch zur Zeit des Kalten Kriegs betrieb, hat er über Russland keine Erkenntnisse sammeln können. Nach unserer Beobachtung ist Russland aber recht eindeutig dem Gegenpol, der polychronen Kultur zuzuordnen.

Die polychrone Kultur zeichnet sich durch eine stärkere Personenorientierung aus. Man legt viel Wert auf gute Beziehungen zu den Menschen um sich herum, tut sich gegenseitig Gefallen und stärkt so die Bindungen. Gleichzeitig besteht ein Netz aus gegenseitigen Verpflichtungen, die erfüllt werden müssen. Dies führt zu einem polychronen Umgang mit der Zeit. Man befasst sich mit einer Person in dem Maße, in dem sie bedeutend ist, sei es emotional oder hierarchisch. Es ist nun nicht so, dass sachliche Kriterien gar keine Rolle spielen würden, aber die Prioritäten werden vorwiegend nach den persönlichen Beziehungen gesetzt und erst in zweiter Linie nach Sachzielen. Da die persönliche Zeiteinteilung also von anderen Menschen abhängt, sind Änderungen praktisch unausweichlich, denn Menschen haben nun mal unerwartet auftretende Bedürfnisse, haben spontan neue Ideen, brauchen plötzlich Unterstützung usw.

Außerdem kann es sein, dass man sich gleichzeitig um zwei gleichwertige Personen kümmern muss; auf jeden Fall aber bleibt man ständig im Kontakt mit vielen Menschen.

Für Letzteres bieten die modernen Kommunikationstechniken beste Voraussetzungen – Russen haben schon früher und häufiger Mobiltelefone benutzt als Deutsche und sind begeisterte Mitglieder von sozialen Netzwerken im Internet. Auch Skype wird in Russland sehr intensiv genutzt, je nach den technischen Möglichkeiten auch gern mit Kamera. Hinzu kommt noch, dass in einer polychronen Kultur wie der russischen Privates und Dienstliches nicht so scharf getrennt werden und damit der Kreis der Personen, mit denen man gleichzeitig im Kontakt ist, deutlich größer ist als bei uns.

Wenn wir uns also einen polychronen Menschen am *Hall'schen* „Fließband der Zeit“ vorstellen, sehen wir ein ganz anderes Bild als bei dem monochronen: Umgeben von Kollegen, Freunden, Verwandten und im ständigen Kontakt mit ihnen, arrangiert unser polychroner Kollege die Kartons immer wieder neu, bewegt auch schon mal zwei oder drei gleichzeitig. Immer wieder meldet sich ein Vorgesetzter mit einem Zwischenruf aus dem Hintergrund – was sofort zu einem erneuten Umbau auf dem Fließband führt. Private und dienstliche Kartons sind dabei nicht komplett voneinander getrennt. Sicher ein ganz anderes Lebensgefühl, als wir es in Deutschland gewohnt sind.

Polychrone Kultur: personenorientiert, auf gute Beziehungen abzielend, mit Vermischung von Persönlichem und Sachlichen und flexibler Zeiteinteilung.

3. Konflikte durch unterschiedliche Zeitkultur – Lösung durch Kommunikation

Wenn diese monochronen und polychronen Kulturen aufeinandertreffen wie im Fall von Deutschen und Russen, sind Missverständnisse praktisch unausweichlich. Deutsche empfinden die ganze Hektik und Telefoniererei als unproduktiv und sind genervt, wenn sich ihr Gegenüber nicht zu 100 % nur ihnen widmet. Schnell wird dann dem Gesprächspartner das Etikett „unhöflich“ aufgeklebt. Russen bewundern einerseits die deutsche Pünktlichkeit und sind enttäuscht, wenn es damit mal nicht klappt. Andererseits empfinden sie die Deutschen dann manchmal als zu starr und auch unhöflich – nämlich dann, wenn es mit kurzfristigen Terminen nicht klappt.

Gedankenspiel
Eine typische Situation
„Wir sind gerade in der Gegend und kommen gleich mal vorbei!" Ach du Schreck! Ein russischer Geschäftspartner hat sich zu einem spontanen Besuch entschieden, aber der Abgabetermin für ein anderes Projekt steht vor der Tür und lässt sich nicht verschieben. „Wann wollen Sie denn hier sein?" – „Na, so etwa in 20 Minuten, dann können wir zusammen essen gehen ..."

Was würden Sie in dieser Situation tun?

Sehen wir uns die Situation nochmal von der anderen Seite an:
Bei Ihren Terminen für den Deutschlandaufenthalt hat sich unerwartet eine Lücke ergeben – die Verhandlungen liefen schneller als erwartet. Wie schön! Dann schnell die Geschäftspartnerin ganz in der Nähe angerufen, die war doch immer so sehr daran interessiert, mal in Ruhe über das gemeinsame Projekt zu sprechen. „Wir sind gerade in der Gegend und kommen gleich mal vorbei!" – „Oh, das ist ja schön". Die Stimme am anderen Ende der Leitung klingt trotz der freundlichen Worte nicht begeistert. Die Partnerin zögert, scheint sich nicht festlegen zu wollen. Was hat sie denn, sie war es doch, die unbedingt reden wollte, und jetzt diese lauwarme Reaktion?

Wie werden Sie mit dieser Partnerin weiterarbeiten?
...

Da beide Seiten in ihren jeweiligen strukturellen Zwängen stecken, die monochronen bzw. polychronen Zeitsystemen innewohnen, ist eine echte Kompromisslösung objektiv wirklich schwierig.

Wie die Lösung in der Praxis aussehen kann, hängt von mehreren Faktoren ab – wesentliche Rollen spielen hierbei die formale Beziehung und Funktion beider Seiten und der Ort des Geschehens. Es ist ziemlich müßig, als deutscher (potenzieller) Lieferant bei Gesprächen in Russland von seinem russischen (potenziellen) Kunden die Beachtung der eigenen Zeitvorstellungen zu erwarten. Erstens kann der russische Kunde nicht ohne Weiteres aus seinem System aussteigen und zweitens – warum sollte er? Schließlich will der Deutsche doch etwas von ihm. Hier spielt auch die Dimension der Machtdistanz eine gewisse Rolle, die partnerschaftliche Beziehungen zwischen Kunden und Lieferanten nicht unbedingt vorsieht.

3.1 Unverrückbare Termine eindeutig abstimmen

Es gibt aber Situationen, in denen es nicht anders geht als sich nach einem verbindlichen Zeitsystem zu richten, wenn z. B. Termine aufgrund von rechtlichen Voraussetzungen in Deutschland nicht kurzfristig verändert werden können. Das kann ein Termin sein, der mit einem gemeinsamen Endkunden vereinbart wurde oder allgemein Rahmenbedingungen der **Just in Time**-Produktion – da muss nun einmal alles auf den Punkt zusammenkommen, und zwar auf beiden Seiten, kulturelle Unterschiede hin oder her.

Wichtig dabei: Erklären Sie derartige Grenzen rechtzeitig vorab, vorzugsweise bevor es zu einer Auseinandersetzung kommt. Gibt es erst einmal Streit, kann Ihre Erläuterung irgendwelcher Rahmenbedingungen zumindest gefühlsmäßig als faule Ausrede für mangelnde Leistungsfähigkeit oder Kooperationsbereitschaft wirken. Glücklicherweise wird es Ihnen in Russland niemand übelnehmen, wenn Sie rechtzeitig und sachlich auf einen „drohenden" absoluten Termin hinweisen. Man wird Ihnen eher für diesen Hinweis dankbar sein, der es ermöglicht, eine Krise zu vermeiden.

Zeit in Russland hat auch etwas mit Raum zu tun

Seit 2010 gibt es in Russland nur noch 9 Zeitzonen[7] – vorher waren es 11, doch Präsident Medwedew verringerte die Zahl mit dem Ziel, die Kommunikation im Land zu vereinfachen und die wirtschaftlichen Beziehungen effizienter zu gestalten. Gegenüber der deutschen Zeit betragen die Unterschiede von einer Stunde für das Gebiet Kaliningrad bis zu 12 Stunden für den östlichsten Teil Russlands an der Pazifikküste, z. B. Wladiwostok. Entsprechend ausführlich können daher Sylvesterfeiern ausfallen, man muss ja im Stundentakt auf das neue Jahr anstoßen!

Bis 2011 war dieser Unterschied ganzjährig stabil, denn Russland stellte gleichzeitig mit Westeuropa die Uhren zur Sommer- und Winterzeit vor und zurück. Mit der Umstellung auf die Sommerzeit 2011 ist dieser komfortable Zustand aber vorbei: Die Uhren bleiben in Russland weiterhin auf der Sommerzeit, und ab Herbst 2011 vergrößert sich immer von Oktober bis März der Unterschied um eine weitere Stunde.

Allerdings wird der Zeitunterschied ein wenig durch einen unterschiedlichen Tagesablauf ausgeglichen: In Russland beginnt der Arbeitstag in Büros meist später als in Deutschland, besonders in Großstädten erst gegen 10:00 Uhr. Entsprechend wird die Mittagspause erst gegen 14:00 Uhr gemacht und der Arbeitstag dauert mindestens bis 18:00 Uhr, oft auch um einiges länger. Für die deutsch-russische Zusammenarbeit ist das ganz praktisch: Wer um acht Uhr in Deutschland mit der Arbeit beginnt, kann den ersten Kaffee gemeinsam mit den russischen Kollegen trinken und ist dann auch den Rest des Tages im selben Rhythmus mit ihnen. Der sachsen-anhaltinische Frühaufsteher, der um sieben Uhr startet, muss allerdings vielleicht ein bisschen warten.

Praktisch ist auch, dass sich auch bei innerrussischen Flügen, internationalen Standards entsprechend, die Flugzeiten nach der Ortszeit richten. Anders ist das, wenn Sie mit der Bahn fahren – die Fahrpläne und auch die Uhren auf den Bahnhöfen zeigen immer Moskauer Zeit an.

---

[7] Eine Karte der russischen Zeitzonen finden Sie unter **www.kiehl.de/russenversteher**.

Soll das gemeinsame Projekt dagegen in Deutschland stattfinden, wird auch ein russischer Kunde die deutschen Verhältnisse weitgehend akzeptieren oder zumindest berücksichtigen müssen – das kann er aber nur tun, wenn er sie kennt! Kommunikation und Transparenz sind hier – wie so oft – die Zauberworte. Gerade unerfahrenen Partnern sollten Sie rechtzeitig und neutral erläutern, welche Formen der Flexibilität möglich sind und zu welchen Konditionen.

Beispiel

Die unterschiedlichen Stornobedingungen bei Hotels illustrieren die Kontraste der unterschiedlichen Zeitkulturen deutlich. In Deutschland hat fast jedes Hotel ein eigenes, ausgefeiltes System von Stornobedingungen und eine ganz eigene Kulanzpolitik, was bei kurzfristigen Stornierungen zu Rechnungen bis zu 90 % der bestellten Leistungen führen kann. In Russland ist es dagegen durchaus möglich, eine Hotelbuchung kurzfristig zu stornieren, oft kostenfrei oder indem man nur die erste Nacht bezahlt.

Der russische Partner/die russische Kundin wird also davon ausgehen, dass es keine große Sache ist, den Deutschlandaufenthalt einer 20-köpfigen Delegation zu verschieben (z. B. weil der Leiter kurzfristig umdisponiert hat). Entsprechend entsetzt wird man auf die Präsentation einer Stornorechnung reagieren. Darauf empört sich der deutsche Organisator: „Ja, dachten die denn, dass das umsonst ist?“ Ja, dachten sie, denn es hatte ihnen niemand die deutschen Spielregeln erklärt. Oder genauer gesagt, sie dachten gar nicht darüber nach, weil sie ihre eigene Situation als Normalfall betrachteten, genauso wie ihr deutscher Partner es tut. Man kann sich leicht ausmalen, wie es mit diesem Projekt weitergeht.

3.2 Meist engerer Rahmen in Deutschland

Da fast immer die deutschen Rahmenbedingungen starrer als die russischen sein werden (im Hinblick auf den Umgang mit der Zeit, es gibt andere Bereiche, in denen es umgekehrt ist!), sollte die deutsche Seite informieren, erklären und für Verständnis werben. Auch die Vorteile des deutschen Systems hervorzuheben, wenn man das Gefühl bekommt, für übermäßig behäbig und konservativ gehalten zu werden. Für diesen Themenkreis ist ein Kick-off-Meeting oder eine ähnliche Veranstaltung der richtige Rahmen. Hierbei können Spielregeln aller Art im Vorfeld vereinbart werden, ohne dass eine kritische Situation am Horizont droht und alle nervös macht.

Die Zeitkultur unterscheidet sich und mit ihr die Rahmenbedingungen für gemeinsames Handeln. (Er-)Klären Sie die Unterschiede rechtzeitig, sorgen Sie für Verständnis der Lage auf beiden Seiten und für Spielregeln, die alle akzeptieren können.

3.3 Lösung durch Aufbau einer persönlichen Beziehung

Abgesehen von diesem eher sachorientierten – monochronen! – Ansatz gibt es aber noch eine eher grundsätzliche Art, mit den Unterschieden umzugehen, vor allem wenn es um längerfristige Partner oder Kunden geht: Bauen Sie selbst eine möglichst gute und tragfähige persönliche Beziehung zu Ihrem Gegenüber auf. Das geht über die allgemein gute Gruppenstimmung hinaus, deren Entwicklung wir Ihnen in Kapitel B empfohlen haben. Es geht auch über die bei Vertriebsleuten übliche Kartei mit Geburtstagen, Vorlieben bei alkoholischen Getränken und Hobbies hinaus. Sie sollten wirklich Zeit darauf investieren, die andere Person kennenzulernen, zu verstehen, in welchen Zusammenhängen und vielleicht Zwängen sie steht, an welchen anderen Projekten sie arbeitet usw. Dadurch wird es Ihnen besser gelingen, Ihre eigene Bedeutung im Beziehungsgeflecht realistisch einzuschätzen und gleichzeitig steigt diese Bedeutung ein wenig. Eine gute Möglichkeit ist hier wieder das gemeinsame Essen oder andere gemeinsame Aktivitäten. Nicht immer ist so etwas planbar.

Beispiel

Andrea: Vor einigen Jahren besuchte ich einen Kunden zur Vorbereitung einer gemeinsamen Veranstaltung. Als wir fertig waren, war noch etwas Zeit bis zum nächsten Termin und mein Partner fragte mich, ob er mir noch irgendeine Moskauer Sehenswürdigkeit zeigen könnte. Ich schlug vor, zum Nowodewitschij-Friedhof zu fahren, der in der Nähe lag und auf dem viele berühmte Persönlichkeiten begraben sind. Er stimmte gern zu und wir spazierten eine Stunde lang über den schönen Friedhof, sprachen über dies und das. Er zeigte mir dann auch das Grab seiner Mutter, ich erzählte vom Tod meines Großvaters. Es war ein etwas melancholisches, aber auch sehr berührendes Erlebnis, das sich eher zufällig ergab. Gleichzeitig erwies es sich später als sehr fruchtbar, denn die Zusammenarbeit mit diesem Partner war danach von großem Vertrauen geprägt und funktionierte über Jahre hinweg reibungslos.

Es sollte auch kein einseitiges Ausfragen sein – geben Sie Ihrer Projektpartnerin oder Ihrem Kunden die Chance, auch Sie ein bisschen besser kennenzulernen. Nicht dass Sie alle möglichen intimen Details aus Ihrem Leben ausbreiten müssten, aber Ihre Partner möchten schon eine Vorstellung davon bekommen, was für ein Mensch Sie sind, wofür Sie sich interessieren, wie Sie Ihre Freizeit verbringen und mit wem. Daraus werden sich sicher auch einige Gemeinsamkeiten ergeben, die Sie beide verbinden, ob es nun Interesse an Eishockey, italienischer Oper oder Bergwandern ist. Spätestens beim nächsten Treffen werden Sie merken, wie sich die Atmosphäre verändert hat.

3.4 Bleiben Sie Sie selbst!

Wichtig ist bei alldem, dass Sie authentisch bleiben, Sie sollten also kein Interesse heucheln, das Sie nicht wirklich verspüren. Auch sollten Sie nicht einen vorbereiteten Elevator-Pitch zu Ihrer Person abspulen. Aber Sie können sich erlauben, Ihren Geschäftspartner oder Ihre Projektkollegin auch als eine neue Bekannte anzusehen, mit der Sie gemeinsame Interessen und Aktivitäten verbinden. Wo Sie selbst dabei Grenzen setzen, müssen Sie überlegen. Es kann z. B. sein, dass Sie nach Ihrer privaten Telefonnummer gefragt werden. Das ist sicher ein gutes Zeichen, denn damit werden Sie ja in das Netz der persönlichen Beziehungen integriert. Aber vielleicht möchten Sie es doch nicht so gern, denn Sie leben schließlich in Deutschland und bemühen sich, Ihre Freizeit und Ihre Arbeit zu separieren. Vielleicht wäre auch Ihre Familie nicht begeistert von solchen dienstlichen Anrufen. Überlegen Sie sich besser grundsätzlich, ob und wem Sie welche persönlichen Kontaktdaten geben möchten und wie Sie – höflich – auch Nein sagen können. Bei Personen, die wirklich wichtig für Ihre Vorhaben in Russland sind, sollten Sie aber schon mal über Ihren monochronen Schatten springen und den einen oder anderen Anruf in Kauf nehmen. Gerade weil viele Russen auch wissen, dass das in Deutschland nicht üblich ist, können Sie sie damit gewissermaßen „positiv enttäuschen".

P-Ass: Bauen Sie gute und intensive menschliche Beziehungen zu Ihren Partnern auf! Lernen Sie sie kennen, erzählen Sie auch von sich selbst und finden Sie Gemeinsamkeiten. Lassen Sie Privates und Dienstliches hier und da ineinanderfließen. So werden Sie Teil des polychronen Beziehungsnetzes und finden wahrscheinlich auch Freunde.

4. Machtdistanz und Zeitmanagement

Für das Verständnis der polychronen Zeitkultur ist auch die Kulturdimension der Machtdistanz wichtig, über die wir in Kapitel C sprachen. Denn alle Planungen, die Ihr russischer Projektpartner nach bestem Wissen und Gewissen mit Ihnen abgestimmt hat, können durch einen kurzen Anruf seiner Chefin hinfällig sein. Das ist einfach so und muss ebenso einfach akzeptiert werden. Es hat schon einen Grund, warum in manchen russischen Verträgen in der Force majeure-Klausel neben Streiks, Kriegen und Erdbeben auch Präsidentenerlass oder Verwaltungsentscheidungen aufgeführt werden.

So können manche Verhaltensweisen mehr mit Machtdemonstration als mit Zeitmanagement zu tun haben. Wer wem wann einen Termin gewährt, wie lange einer den anderen warten lässt, wie lange sich jemand Zeit für ein Gespräch nimmt – all das kann auch ohne direkte Worte sehr deutlich zeigen, wie die Prioritätenliste aussieht.

Beispiel

Eine Delegation russischer Bürgermeister ist in Deutschland, um sich über die deutsche kommunale Selbstverwaltung zu informieren. Die Organisatoren sind am Verzweifeln – überall kommt die Gruppe mindestens 10 Minuten zu spät! Auch wenn eigentlich die Zeit reicht, wird sie mit Zigarettenpausen und kleinen Spaziergängen vertrödelt. Schließlich kommt jemand auf die Idee, die Leute zu fragen, warum sie das machen. Die Antwort: Wenn wir ganz pünktlich kommen, wird uns die deutsche Seite doch garantiert nicht ernst nehmen!

Hier hat es geholfen, die unterschiedliche Auffassung in Deutschland zu diesem Thema zu erklären, denn die Delegation wollte ja gar nicht unhöflich wirken oder ihre Gastgeber beleidigen, sondern nur ihren Status wahren.

Nicht alle Verspätungen sind Machtspiele
Aber es kann auch ganz andere Gründe haben, wenn Sie mal eine halbe Stunde warten müssen: Vielleicht musste Ihr Gesprächspartner unerwartet seinem Vorgesetzten berichten, es gab eine technische Panne oder einen familiären Notfall bei einem Mitarbeiter. Besser ist es, Sie lassen sich weder provozieren noch entmutigen, sondern versuchen, die Gründe zu verstehen und Ihre Schlüsse eher aus Inhalt und Atmosphäre des Gespräches zu ziehen als aus seinem Zeitpunkt. Sie werden schon merken, wenn es eine Machtdemonstration oder ein taktisches Spiel war, wirken aber souveräner durch Gelassenheit als durch Empörung. War es dagegen eine „normale“ Verspätung, wirkt ein bisschen Verständnis sympathisch und nimmt Ihren Gesprächspartner für Sie ein.

Also Unpünktlichkeit (oder auch Unterbrechungen) nicht gleich persönlich nehmen! Und sich selbst nicht zu wichtig – man ist eben nur eine von vielen Maschen im polychronen Beziehungsnetz.

Als westlicher Ausländer haben Sie sowieso auch heute noch einen gewissen Bonus – Ihr Besuch wird meist höher auf der Prioritätenliste stehen, als der sachliche Inhalt Ihres Anliegens hergeben würde. Das hat mit Höflichkeit und russischer Gastfreundlichkeit zu tun und sollte genauso wenig zu einer überhöhten Selbsteinschätzung führen, wie ein zeitliches Machtspiel an Ihrem Selbstwertgefühl nagen sollte.

5. Russisches Speed-Dating

Einen Widerspruch gibt es dabei allerdings im russischen Geschäftsleben, der gar nicht so einfach aufzulösen ist – auch nicht für die Russen selbst. Um persönliche Beziehungen zu pflegen, braucht man wie gesagt Zeit, aber der russische Alltag ist meist sehr hektisch und bei den dicht gedrängten Terminen bleibt eigentlich gar keine Zeit dafür. Also besteht die Aufgabe darin, die Beziehungen zu den russischen Partnern bei minimalem Zeitbudget trotzdem zu pflegen oder erst aufzubauen. Wie kann das gehen?

Beispiel

Andrea: Bei einem Besuch in Kasan hatten die lokalen Organisatoren es besonders gut gemeint und für mich und meine russische Kollegin sechs Termine pro Tag vereinbart. Es blieb also kaum Zeit für ein „richtiges" Gespräch. Aber für ein persönliches Wort gab es genug Gelegenheiten, die eben genutzt wurden: Eine Tasse Tee und ein paar Kekse, die man im Nebenraum zu sich nahm (10 Minuten), das Mittagessen an einem liebevoll eingedeckten Tisch mit drei Gängen, winzigen Gläsern Wein und zwei Trinksprüchen (25 Minuten) oder einfach nur eine Umarmung und die Erinnerung an ein gemeinsames Erlebnis (3 Minuten).

Das bedeutet, dass man unter Umständen quasi symbolische Handlungen vollzieht, die alle an die „eigentlichen" erinnern. Und so kurz diese Einschübe auch sein mögen, sie sind doch wichtig und oft sogar ergiebiger als der formelle Teil: Die Gedanken schweifen irgendwie freier umher, und man sagt auch mal etwas Unkonventionelles, aus dem sich neue Perspektiven ergeben.

Wenn selbst dazu keine Zeit ist oder man sich innerhalb von wenigen Minuten überhaupt erst kennenlernen und sofort geschäftliche Themen klären muss, braucht man wohl so etwas Undefinierbares wie eine menschlich positive Ausstrahlung, sonst springt der Funke nicht über. Wichtig ist dann, in irgendeiner Weise zu signalisieren, dass man das Anliegen der Gesprächspartnerin, des Kunden versteht und eventuelle Schwierigkeiten gemeinsam meistern möchte.

Man merkt allerdings auch vielen russischen Gesprächspartnern an, dass sie diese Kurzkontakte nicht wirklich mögen. Sie bedauern, dass nicht mehr Zeit für ein echtes persönliches Gespräch vorhanden ist, und fühlen sich in ihrem Alltag häufig nicht „artgerecht gehalten". Holen Sie deshalb das richtige Kennenlernen bei nächster Gelegenheit unbedingt nach – und sorgen Sie in der Zwischenzeit dafür, dass Ihre Emails ein bisschen menschlich klingen, schreiben Sie ein paar persönliche Zeilen, und wenn es nur um das Wetter geht.

P-Ass: Eine persönliche Komponente – und sei es nur eine symbolische Geste – gehört in jedes Gespräch, egal, wie eng die Termine sind.

Beispiel

Nutzen Sie Ihre Chance!
Mit einem etwas größeren Zeitbudget, schnellen Entscheidungen und Mut zum Unkonventionellen lassen sich die Kartons auf unserem Zeitfließband sogar noch kreativer stapeln und gleichzeitig mit beruflichem Nutzen und privatem Vergnügen füllen:

Irina: Ich lud meine langjährige Geschäftsfreundin in Moskau zu einer offiziellen Firmenveranstaltung ein. Schon bei der Planung der Reise war mir klar, dass wir ein persönliches Gespräch brauchten und dass es fast unmöglich sein würde, das in unsere jeweiligen Terminkalender hineinzuquetschen. Wir trafen uns in Moskau direkt am Veranstaltungsort. Meine Freundin fragte mich, ob wir das offizielle Programm nicht vorzeitig verlassen könnten. Sie habe mich zur Geburtstagsfeier eines Freundes einladen lassen und auf dem Wege dorthin hätten wir 40 Minuten Zeit für ein vertrauliches Gespräch über unser neues Projekt. Klar war ich einverstanden! So konnte ich drei Fliegen mit einer Klappe und an einem Abend schlagen: Networking bei der offiziellen Veranstaltung, ein gutes Gespräch unter vier Augen als Grundstein für ein neues Projekt und eine tolle private Party in einem angesagten Lokal im Künstlerviertel. Das ist das perfekte Moskauer Terminmanagement, das aber viel Flexibilität und Offenheit braucht. Na ja, und 50 € für einen einigermaßen präsentablen Blumenstrauß für das Geburtstagskind.

6. Unterschiedliche Geschwindigkeiten

Mit dem Zeitempfinden verbunden ist auch unsere Vorstellung von einer angemessenen Geschwindigkeit der Transaktionen, die das Geschäftsleben ausmachen: Reaktion auf Anfragen, Angebotserstellung, Beantwortung von Fragen. Hier kann es für die deutsche Seite schon stressig werden. Denn das Tempo in Deutschland bei all diesen Aktionen ist deutlich langsamer als in Russland (woran das liegt, erklären wir im nächsten Kapitel). Während für Deutsche meist die fachliche Qualität der Reaktion im Vordergrund steht, gehört zum russischen Qualitätsverständnis auch die Geschwindigkeit: Wenn die Deutschen so kompetent sind, wie sie immer behaupten, warum brauchen sie dann eine Woche, um eine Frage zu beantworten?

Beispiel

Ein deutsches Unternehmen, das versucht, sich auf dem russischen Markt zu etablieren, verhandelt mit einem russischen Kunden. Zwischendurch kommt eine technische Frage auf, für deren Beantwortung der deutsche Vertriebsmitarbeiter aus seiner Sicht einige Tage Zeit brauchen würde. Die Reaktion des russischen (potenziellen) Kunden: „Wenn Sie nicht sofort antworten können, interessiert mich Ihr Unternehmen nicht mehr."

Ob diese Einstellung immer realistisch und zielführend für den russischen Auftraggeber selbst ist, sei dahingestellt. Wenn Sie aber in Russland Geschäfte machen wollen, tun Sie gut daran, Ihre internen Prozesse auf eine höhere Reaktionsgeschwindigkeit einzustellen. Die Kommunikationswege zwischen Vertriebsleuten und technischem Bereich müssen kurz und gut ausgebaut sein, sonst haben Sie es schwer, gegenüber der meist flexibleren Konkurrenz aus Italien oder der Türkei zu bestehen. Wägen Sie auch ab, wie genau Ihr Kunde es wohl wirklich wissen will. „Typisch deutscher" Perfektionismus kann hier eher hinderlich sein.

Informationen werden in Russland schneller übermittelt als in Deutschland, entsprechend ist die Erwartung auch an Sie. Legen Sie übertriebenen Perfektionismus ab und halten Sie die Dinge im Fluss!

6.1 Schnell privat

Auch was die Übermittlung persönlicher Informationen angeht, ist ein ähnlicher Unterschied wahrzunehmen: In Deutschland sind wir eher zögerlich, wenn es darum geht, etwas Privates preiszugeben. Es dauert relativ lange, bis man sich neuen Bekannten öffnet und beginnt, sie als Freunde anzusehen. In Russland geht das oft schneller, jedenfalls gibt es oft ein großes Interesse auch am Privatleben, das auch direkt geäußert wird. Wundern Sie sich also nicht über manchmal ziemlich direkte Fragen nach Einzelheiten Ihres Lebens und Kommentierung Ihrer Antworten. Wenn es Ihnen zu viel wird, drehen Sie doch den Spieß um und fragen zurück! Das entlastet Sie (denn Ihr Bedürfnis, Privates und Berufliches zu trennen, ist ja nun mal da), gleichzeitig freut sich Ihr Gegenüber über Ihr Interesse und Sie erfahren auch noch etwas über ihn oder sie, finden vielleicht Gemeinsamkeiten. Und das kann im weiteren Verlauf Ihrer geschäftlichen und persönlichen Beziehung ja noch nützlich sein.

Private Fragen
Letzten Endes müssen Sie für sich selbst entscheiden, was Sie von sich preisgeben möchten und was nicht. Hier einige Anregungen (mehr dazu im Kapitel H zum Thema Small Talk):

- Sicher ist es unproblematisch, etwas über den (Ehe-)Partner und die Kinder zu erzählen, Beruf, Ausbildung, liebenswerte Macken, besondere Talente und Hobbys sind allemal interessant. Sie können dabei auch einige Fotos Ihrer Familie oder Ihrer Haustiere zeigen.
- Ehe- oder Erziehungsprobleme sollten Sie dagegen nicht ausbreiten, das wird auch für die Gesprächspartner nicht angenehm sein. Und sollte Ihr russisches Gegenüber zu unsensibel nachhaken („Was, keine Kinder? Da werden Sie ja im Alter bestimmt einsam sein!"), antworten Sie nur kurz und nichtssagend und wechseln das Thema. Solches Verhalten kommt zwar vor, gilt aber auch in Russland als unpassend.
- Ein gutes Thema sind auch Urlaubs- oder Geschäftsreisen und die Städte, die man dabei kennengelernt hat. Wichtig dabei ist es nur, ein Gespür für den Hintergrund des Gesprächspartners zu entwickeln – ist er auch schon viel gereist und kann bei diesem Thema mithalten? Wenn nicht, stellen Sie stattdessen lieber ein paar Fragen zu seiner Heimatstadt oder erwähnen Sie russische Städte, die Sie schon besucht haben.
- Vor allem: Vergessen Sie nicht, auch Gegenfragen zu stellen, denn auch Sie wollen ja Ihre Projektpartner oder Kunden kennenlernen. Damit können Sie auch die Themen selbst vorgeben, über die Sie selbst bereit sind zu sprechen: Ihre Frage nach den Hobbys wird bestimmt zu einer ähnlichen Frage an Sie führen, und dazu können Sie dann ja etwas erzählen. Gleichzeitig bekommen Sie auch ein Gefühl dafür, wie viel persönliche Nähe dem Anderen angenehm ist.

6.2 Schnelle Entscheidungen? Es kommt darauf an ...

Bei der Entscheidungsfindung ist die Lage etwas komplizierter. Zwar können in Deutschland Entscheidungen eine Weile dauern, da die Sache oft zwischen mehreren Personen abgestimmt werden muss, man holt die Meinung mehrerer Fachabteilungen ein, bespricht das Thema auf einem Abteilungsleitermeeting. Andererseits verläuft der Prozess einigermaßen gleichmäßig. Aufgrund der geringeren Machtdistanz werden viele Entscheidungen auf einer niedrigeren Hierarchieebene getroffen. Man sorgt normalerweise für eine Vertretung, wenn man zeitweise nicht im Unternehmen ist. Von daher sind echte Pausen, in denen sich niemand um die Angelegenheit kümmert, eher die Ausnahme.

Der russische Prozess der Entscheidungsfindung ist potenziell sehr schnell, es hängt aber alles an einer Person, meist einem nach deutschem Verständnis relativ hochrangigen Vorgesetzten. Wenn diese Person nicht da ist oder der Sache keine Priorität einräumt, kann es dauern: „Ja, der Vorgang liegt bei unserer Generaldirektorin, aber die ist auf einer Konferenz in London ... " Wenn sie sich dann aber doch damit befasst, kann alles plötzlich sehr schnell gehen und man erwartet dann wieder, wie oben beschrieben, eine schnelle Reaktion der anderen Seite.

7. Vergangenheit und Zukunft

7.1 Der Circles Test

Trompenaars führt zu diesem Thema die Untersuchungen des Amerikaners *Tom Cottle* an. Dieser untersuchte seit den 60er Jahren die Beziehung verschiedener Kulturen zu Vergangenheit, Gegenwart und Zukunft und ließ seine Probanden ihre Auffassung in seinem **Circles Test** (Kreis-Test) visuell umsetzen. Hier können Sie seinen Versuch selbst nachvollziehen:

Gedankenspiel
Bevor Sie weiterlesen: Machen Sie selbst den Circles Test![8)]
Malen Sie drei Kreise:

- einen für die Vergangenheit,
- einen für die Gegenwart,
- einen für die Zukunft.

Wählen Sie die Größe der Kreise so, dass sie der Bedeutung entspricht, die dieser Zeitabschnitt für Sie hat: je größer, desto wichtiger. Lassen Sie die Kreise unverbunden nebeneinanderstehen oder sich mehr oder weniger überschneiden, je nachdem ob und wenn ja wie eng Sie die Verbindung zwischen Vergangenheit, Gegenwart und Zukunft sehen.

8) Im Anhang können Sie sehen, welche Zeichnung für Tom Cottles deutsche Probanden typisch war.

Das typische russische Bild sah so aus:

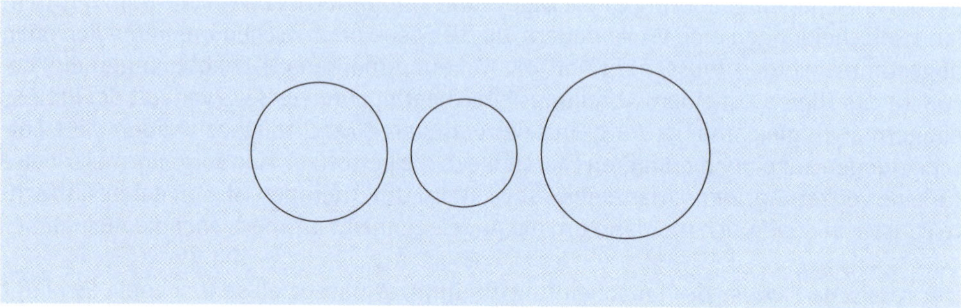

Russische Zeit-Kreise nach *Cottle*: Vergangenheit, Gegenwart und Zukunft stehen unverbunden nebeneinander, Zukunft ist der größte, Gegenwart der kleinste Kreis.

Das bedeutet, dass die Vergangenheit in Russland eine große Bedeutung hat, aber als getrennt von der Gegenwart wahrgenommen wird. Mehrfache Umbrüche und Systemwechsel gab es zwar in beiden Ländern in den letzten 100 Jahren, aber trotzdem wird in Deutschland eine größere Kontinuität wahrgenommen und gepflegt. Auf die Zukunft wird in Russland große Hoffnung gelegt, man hört Aussagen wie: „In zwanzig Jahren werdet Ihr von uns lernen, nicht wir von Euch", aber es wird nicht so systematisch darauf hingearbeitet.

7.2 „Innovationen seit 1878"

Das ist für den deutschen Mittelstand ein ziemlich typisches Firmenmotto. Was drückt sich darin aus? Einerseits wird der Tradition ein hoher Wert beigemessen. Ein Unternehmen, das so lange besteht, muss solide und daher vertrauenswürdig sein. Obwohl das ja, objektiv betrachtet, nicht unbedingt stimmen muss, vielleicht hat der aktuelle Inhaber ja ein Suchtproblem und ist gerade dabei, das letzte Jahr der langen Firmengeschichte einzuläuten. Andererseits ist man im besten Fall bestrebt, auch in die Zukunft hinein zu planen und sich weiter zu entwickeln. Deshalb verwenden auch Unternehmen – und nicht nur die ganz großen – viel Geld auf Forschung und Entwicklung, gehen Kooperationen mit Universitäten ein, vergeben Forschungsaufträge.

Bei der gemeinsamen Entwicklung von Projekten kann diese unterschiedliche Einstellung schon für Spannungen sorgen – das sorgfältige und geduldige Stein-auf-Stein-Setzen der deutschen Partner ist für die russischen manchmal nur schwer zu ertragen. Die Deutschen wiederum fühlen sich gedrängt und zu oberflächlichem Aktionismus getrieben. Hier gilt es, die Nerven zu behalten und zu versuchen, die Situation wirklich rational einzuschätzen: Wie viel Genauigkeit ist nötig, wie viel Tempo möglich?

7.3 Freunde haben einen langen Atem

In einem Punkt haben allerdings Russen mehr Geduld und einen viel längeren Atem als die meisten deutschen Geschäftsleute, nämlich beim Aufbau und der Pflege von Beziehungen. Man erwartet in dieser Hinsicht nicht, dass sich alles, was man an Zeit, Aufmerksamkeit und vielleicht auch Geld investiert, innerhalb kürzester Zeit rentiert. Man weiß, dass auch Pausen, Fehler und Krisen zu einer Beziehung gehören und dass sich vielleicht erst in einigen Jahren zeigen wird, was man aneinander hat.

7.4 Heilt die Zeit alle Wunden? Der 2. Weltkrieg

Bei einem Thema ist in Russland die Vergangenheit auch heute noch sehr präsent: wenn es nämlich um den 2. Weltkrieg geht.

Wenn Sie in Russland unterwegs sind, werden Sie merken, dass der 2. Weltkrieg einen großen Raum im gesellschaftlichen Leben und Bewusstsein einnimmt: An Denkmälern und Gedenkstätten liegen Blumen und Kränze, es gibt teilweise Ehrenwachen von Soldaten oder Jugendlichen. Im Fernsehen laufen praktisch jeden Tag Filme oder Dokumentationen über diese Zeit. Es gibt am 9. Mai einen staatlichen Feiertag und Jahrestage werden besonders gewürdigt. Das Thema ist zu groß und zu komplex, um ihm im Rahmen dieses Buches gerecht zu werden, aber auch zu wichtig, um es einfach zu ignorieren. Deshalb hier einige Hinweise und Denkanstöße von uns:

Die Opferzahlen in Russland waren unvorstellbar groß: etwa 25 Mio. Tote aus der gesamten Sowjetunion, das bedeutet, dass praktisch jede Familie davon betroffen war. Hinzu kamen Kriegsgefangene und verschleppte Zwangsarbeiter, vergewaltigte Frauen und andere Leidtragende des deutschen Feldzugs „Barbarossa" durch Russland. Bestimmte Ereignisse, wie die Blockade von Leningrad, waren besonders traumatisch für die Bevölkerung. Insofern ist es nur verständlich, dass der historische und heroisch erkämpfte Sieg über die Wehrmacht auch heute noch einen herausragenden Platz im russischen Selbstverständnis und Nationalstolz einnimmt.

Gleichzeitig unterscheiden russische Menschen im Allgemeinen deutlich zwischen staatlichem Handeln und dem einzelnen Menschen. Sie werden es daher äußerst selten erleben, dass Ihnen jemand aggressiv gegenübertritt und Sie gewissermaßen persönlich für all das Leid verantwortlich macht (im Gegensatz etwa zu Großbritannien, wo dies auch heute noch passieren kann).

Dafür, wie man sich in Situationen verhält, in denen der 2. Weltkrieg als Thema im Gespräch hochkommt, lassen sich keine allgemeinen Rezepte geben. Wir empfehlen Ihnen aber

- Offen zu sein und vor dem Thema nicht zurückzuschrecken oder ihm auszuweichen.
- Vielleicht auch Ihr Schulwissen zu aktualisieren, zumal die historische Forschung in den letzten Jahren manches anders bewertet als noch vor zehn Jahren (Literaturtipps finden Sie unter **www.kiehl.de/russenversteher**).
- Den Wunsch Ihres Gastes, einen sowjetischen Soldatenfriedhof oder ein Konzentrationslager in Deutschland zu besuchen, unbedingt zu erfüllen (dass er überhaupt geäußert wird, ist ja schon ein Vertrauensbeweis).

Der Ausdruck „Versöhnung über den Gräbern" klingt pathetisch, ist aber keine hohle Phrase. Sie werden sich durch ein offenes Gespräch, einen gemeinsamen Besuch einer Gedenkstätte menschlich viel näher kommen, als Sie das angesichts der belasteten Vergangenheit für möglich halten.

8. Vorteile und Chancen

Wie kann man bei all diesen Unterschieden noch Vorteile und Chancen ableiten? Zunächst einmal müssen wir feststellen, dass die Zeitauffassung in Deutschland einem gewissen Wandel unterliegt, auch bedingt durch internationale Verflechtung und technologische Veränderungen. Das Schlagwort vom „Multi-Tasking" bedeutet ja nichts anderes als einen polychronen Umgang mit der Zeit. Gerade junge Menschen und Frauen jeden Alters schaffen es irgendwie, sich gleichzeitig zu unterhalten, zu twittern und ein Eis zu essen. Aber natürlich gehen solche Veränderungen langsam voran und bei Weitem nicht jeder Mensch in Deutschland begrüßt sie. Die Hektik, die am Arbeitsplatz entsteht, wenn man von zwei Kontakten gleichzeitig angeskypt wird, während die nächste Email mit Wichtig!-Vermerk eingeht und sich der Chef vor dem Schreibtisch aufbaut, genießt nicht jeder (oder jede). Wer im Ruhebereich eines ICE lauthals mit Kollegen über Vertragsinhalte konferiert, begibt sich in die Gefahr körperlicher Züchtigung durch Mitreisende (wenigstens in deren Fantasie).

Trotzdem tut es vielen gut, sich aus der eindimensionalen Zeitdimension zu befreien und den Spaß zu entdecken, der in einer flexibleren Zeitgestaltung liegt. Ist es nicht auch langweilig, immer genau zu wissen, was der Tag bringen wird, wen man trifft, worüber man redet? Fühlen wir uns nicht auch lebendiger, wenn wir alle Planung mal kurzfristig umwerfen und feststellen, dass wir auch kurzfristig handlungsfähig sind? Gleichzeitig tut der russischen Geschäftigkeit ein bisschen deutsche Gradlinigkeit und Nachdenklichkeit durchaus gut, bedingungslose Anpassung ist also nicht erforderlich. Die polychrone Lebensweise führt in jedem Fall dazu, dass Russen und Russinnen absolute Networking-Experten sind, von denen wir als Deutsche eine Menge lernen können. Und wenn uns die russische Ungeduld gelegentlich dazu bewegt, etwas schnell zu entscheiden und ein Projekt schnell auf den Weg zu bringen, wird das in den meisten Fällen eher vorteilhaft sein.

Der Synergieeffekt kann also darin liegen, das Beste beider Systeme zu vereinigen. Dies bringt uns zu dem nächsten Thema, das auch – aber nicht nur – mit dem Umgang mit Zeit zu tun hat: Unsicherheit, Risiko, Planung und Flexibilität.

9. Dos & Don'ts

1. Berücksichtigen Sie die praktischen zeitlichen Besonderheiten in Russland: Zeitzonen, Arbeitszeiten, Feiertage.[9)]
2. Klären Sie frühzeitig mit Ihren russischen Partnern, welche Rahmenbedingungen für Ihr Projekt gelten sollen. Welche Termine müssen gemeinsam eingehalten werden und warum? Welche rechtlichen und finanziellen Konsequenzen hat es, wenn das nicht klappt?
3. Erinnern Sie Ihren Partner rechtzeitig an solche „eisernen" Termine!
4. Gehen Sie nicht moralisch, sondern sachlich an das Zeitmanagement heran und seien Sie nicht zu streng oder übergenau bei objektiv weniger kritischen Terminen.
5. Beachten Sie, dass die Zeitauffassung in Russland eng mit der Bedeutung persönlicher Beziehungen, also mit dem **P-Ass** verbunden ist. Bauen Sie deshalb eine gute persönliche Beziehung mit Ihrem Gegenüber auf und pflegen Sie diese bei jeder Begegnung, egal wie knapp die Zeit dafür auch sein mag.
6. Trennen Sie nicht zu streng zwischen Privatem und Dienstlichen, auch nicht im Hinblick auf Arbeitszeit und Freizeit.
7. Reagieren Sie auf Anfragen lieber schnell als perfekt. Wichtig ist, die Kommunikation in Gang zu halten, und sei es mit einer Teilantwort, einem ersten Entwurf, einem Zwischenergebnis. Ergänzen, erweitern oder zur Not korrigieren können Sie auch später noch.
8. Russische Menschen sind Meister des Networking. Sie pflegen und nutzen Kontakte im Privatleben und im Beruf auf vielfältige Weise. Lernen Sie von dieser Netzwerk-Kompetenz.
9. Nutzen Sie die (wahrscheinlich) größere Flexibilität Ihrer russischen Partner bei der Lösung unerwarteter Probleme, so wie Ihre Partner von Ihrer (wahrscheinlich) strukturierteren Arbeitsweise profitieren können.

---

9) Im Anhang (S. 178) finden Sie eine Liste der wichtigsten Feiertage.

G. Vom Balancieren und Jonglieren
Unsicherheit und Planung, Risiko und Flexibilität

Beispiel

„Ihr Programmentwurf für die Study Tour hat uns gefallen, und jetzt möchte der Auftraggeber noch wissen, welche Unternehmen besucht werden sollen. Das soll in den Vertrag aufgenommen werden." Wie soll das denn gehen? Die Study Tour soll in einem halben Jahr stattfinden, es gibt weder eine Information über die Teilnehmer noch einen Termin. Man kann also kein Unternehmen fragen, ob es diese Gruppe empfangen will und kann. Der russische Partner versteht das auch, aber: „Sie haben doch angeblich so viel Erfahrung mit Study Tours? Dann gibt es doch bestimmt Unternehmen, mit denen Sie so etwas schon gemacht haben? Nehmen wir die doch!" „Ja schon, aber ob die wieder dabei sein werden ... Garantieren kann ich das nicht. Können wir nicht „zum Beispiel Unternehmen X" schreiben?" Nein, das würde der Kunde nicht akzeptieren, das ist zu vage. Was ist, wenn wir die Unternehmen jetzt benennen und dann klappt es später nicht? Wird uns der Kunde nicht für unseriös halten? „Na ja, das meiste sollte dann schon umgesetzt werden, vielleicht sind ein paar Änderungen möglich, das verstehen die dann schon ..."

In diesem Beispiel baut sich auf beiden Seiten einige Irritation auf: Die deutsche Dienstleisterin möchte seriös sein und keine unhaltbaren Versprechungen machen, der russische Gesprächspartner wird ungeduldig, weil er eine klare Leistungszusage erwartet. Dahinter liegen unterschiedliche Vorstellungen davon, wie wir mit der Unsicherheit umgehen, die nun einmal mit der Zukunft verbunden ist. Dies hat zum Teil mit unserem Zeitverständnis zu tun, aber nicht nur damit. Die Kernfrage ist hier, wie wir zu der Unsicherheit stehen, die das Leben mit sich bringt und wie es mit unserem Bedürfnis nach klaren Verhältnissen aussieht. Versuchen wir, Unsicherheit und Unklarheit zu minimieren oder schwimmen wir einfach mit dem Strom der Ereignisse? Wie das Beispiel zeigt, ist das ein Thema, das mit Logik allein nicht immer sofort zu fassen ist. Mit der Unsicherheit verbunden, ist auch die Frage, wie man mit Risiken umgeht, wie man plant, Planungen umsetzt (oder auch nicht), und wie flexibel man dabei ist.

1. Unsicherheitsvermeidung als Kulturdimension

In verschiedenen Kulturen lässt sich ein unterschiedliches Grundgefühl zu unsicheren oder uneindeutigen Situationen feststellen: In manchen Kulturen empfindet man solche Situationen als normalen Bestandteil des Lebens oder begrüßt sie sogar als Quelle von Kreativität. In anderen herrscht ein diffuses Unbehagen gegenüber allem Unklaren, Unsicheren, das bis zu einem Gefühl von Bedrohung gehen kann. Wichtig sind zwei Dinge: Erstens ist dieses Grundgefühl wie alle anderen kulturellen Werte und Normen von Kindesbeinen an gelernt und entsprechend tief in uns verwurzelt. Und zweitens ist es eben eine emotionale Angelegenheit und führt daher nicht unbedingt in jeder Situation zu einem rationalen Verhalten.

Hofstede hat dieses Grundgefühl als Kulturdimension identifiziert und bezeichnet sie als „Unsicherheitsvermeidung".

Unsicherheitsvermeidung als Kulturdimension ist das Ausmaß, in dem wir Unsicherheit negativ bewerten und versuchen, diese Unsicherheit durch unser eigenes Handeln in den Griff zu bekommen.

Deutschland befindet sich im internationalen Vergleich etwa im Mittelfeld, aber doch eher auf der Seite der engagierteren Unsicherheitsvermeider (65 Punkte auf der Skala des UVI – Unsicherheitsvermeidungs-Index). Es ist damit gleich weit entfernt von Großbritannien und Irland (beide 35) und Russland (95). In Großbritannien und Irland ist man also eher entspannter und bereit, sich durch Unklarheiten irgendwie durchzuwursteln. Eine ganze Reihe von Ländern legt dagegen noch größeren Wert auf die Vermeidung von Unsicherheit als wir, darunter unser Nachbar Frankreich (86) und – was vielleicht zunächst erstaunen mag – auch Länder wie Italien (75) oder eben Russland.

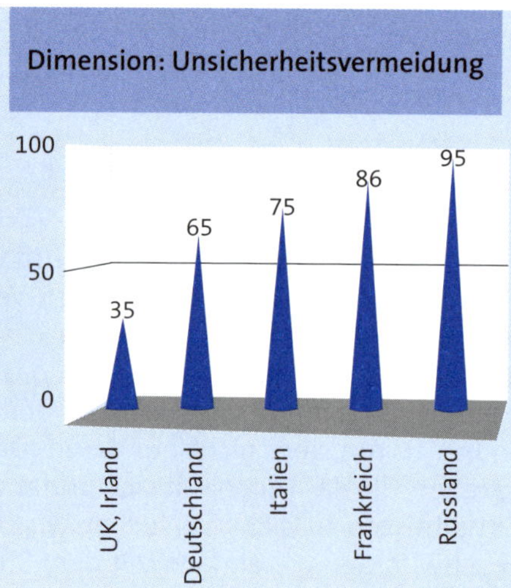

Gelernt wird diese Grundeinstellung von Kindesbeinen an – akzeptieren unsere Eltern, dass wir uns schmutzig machen, den einen oder anderen Regenwurm verspeisen und auch mal hinfallen? Wenn nicht, wenn sie ständig vor allen möglichen Gefahren warnen, wird dem Kind das Gefühl vermittelt, dass die Welt potenziell gefährlich und feindlich ist. Das kann sich auch auf andere Menschen erstrecken: Dürfen wir unsere Freunde selbst aussuchen oder sind bestimmte andere Kinder zuhause nicht gern gesehen, weil sie etwa aus einer anderen sozialen Schicht kommen oder einer anderen Nationalität/Kultur/Rasse angehören? Aus den unzähligen Kommentaren, Warnungen oder Ermutigungen, Verboten oder Erlaubnissen unserer Eltern entsteht unser Grundgefühl der Welt gegenüber, das mehr oder weniger ängstlich ausfallen kann. Später sehen wir dann dieses Grundgefühl als normal an und wundern uns über alle, die eine andere Einstellung haben. Etwas überspitzt formuliert: „Die selbstverständliche Normalität des einen kann der erschreckende Ausnahmefall des anderen sein" (*Kaduk u. a.*).

Ein großes Bedürfnis nach Unsicherheitsvermeidung in einer Kultur führt zu einer Abneigung gegen Ungeregeltes und Unbekanntes. Daher gibt es meist ein Bestreben, möglichst viele Dinge zu regeln – z. B. durch Gesetze, Vorschriften, Verordnungen, also bürokratische Maßnahmen und Strukturen, oder auch auf andere Weise. Diese Versuche können ganz vielfältig sein.

Beispiele

- *Hofstede* selbst nennt das Faltblatt „Ihr Reiseplan" der Deutschen Bahn als ein Beispiel für das deutsche Bemühen, Abläufe zu planen und sich Gewissheit über den Ablauf einer Reise zu verschaffen.
- Andere Beispiele sind die große Beliebtheit von Tests – die Stiftung Warentest oder die Ökotest-Organisation für das Bestreben, das, was eigentlich Vertrauenseigenschaften einer Ware sind, doch durch objektive Tests zu überprüfen.
- Schließlich kann auch die große Bedeutung von Qualitätszertifizierung in Deutschland in diese Dimension eingeordnet werden. Diese Tendenz, Regeln und Vorschriften ernst zu nehmen und sich meist strikt daran zu halten, ist also das Ergebnis von eben diesem Streben nach Unsicherheitsvermeidung. *Hofstede* weist explizit darauf hin, dass dies nicht von autoritären Strukturen herrührt (im Sinne der Machtdistanz). Mit anderen Worten: Man schätzt hierzulande Regeln wegen der Klarheit und Eindeutigkeit, die sie schaffen, nicht jedoch, weil man sich besonders gern von höheren Instanzen etwas vorschreiben ließe.

Unsicherheitsvermeidung bedingt eine Vorliebe für Planung, klare Regeln und Vorschriften – und das führt zu bürokratischen Strukturen in der Verwaltung und in Unternehmen.

2. Unsicherheitsvermeidung in Deutschland und Russland

Das deutsche Bemühen um Unsicherheitsvermeidung mag bei Besuchern aus Großbritannien ein belustigtes Kopfschütteln auslösen. Einem russischen Gast erscheint die Lage in Deutschland dagegen manchmal beunruhigend ungeregelt. Wie kann es sein, dass die z. B. Einhaltung der Regeln für private Bauprojekte nur stichprobenartig oder aufgrund von Beschwerden der Nachbarn überprüft wird und nicht flächendeckend durch staatliche Inspektoren? Warum sieht man so selten Polizisten auf der Straße? Für Russen ist es auch schwer vorstellbar, dass die Kommunalaufsicht in Deutschland nur die Gesetzmäßigkeit von Verwaltungsentscheidungen überprüft, nicht jedoch ihre Inhalte, Effektivität und Sinnhaftigkeit. Bei Gesprächsrunden zwischen deutschen und russischen Kommunalpolitikern oder Verwaltungschefs ist das Unbehagen der russischen Seite manchmal fast physisch spürbar. Wie kann es sein, dass Deutschland unter diesen Umständen nicht schon längst im Chaos versunken ist?

Menschen in einer Kultur mit ausgeprägter Tendenz zur Unsicherheitsvermeidung empfinden ein hohes, diffuses Angstniveau und stehen natürlich unter einem größeren inneren Druck als diejenigen, die eine gelassenere Einstellung haben. Als Ausgleich dafür ist es in diesen Kulturen meist zulässig, in bestimmten Situationen Emotionen auszuleben, Stress und Angst abzureagieren und auch mal Aggressionen zu zeigen. Dies gilt für Deutschland und mehr noch für Russland. In Großbritannien ist solches Verhalten dagegen verpönt und löst meist Irritationen aus. Gleichzeitig sorgt die Unsicherheit für ein Gefühl von Dringlichkeit, das verbunden mit der Emotionalität wiederum Auswirkungen auf das Zeitempfinden hat und Ungeduld hervorrufen kann. Man will keine langsamen, organischen Entwicklungen, kein Aufbauen und Wachsen, sondern schnelle Ergebnisse, sofortige Umsetzung. Daher rührt also das höhere Tempo von geschäftlichen Transaktionen, das wir im letzten Kapitel beschrieben hatten.

Unsicherheitsvermeidung äußert sich in Russland auch durch Äußern von Emotionen und durch Ungeduld.

2.1 Staat, Verwaltung und Bürokratie

In Kulturen mit geringerem Bestreben, Unsicherheit zu vermeiden, ist das Bedürfnis nach gesetzlichen Regelungen geringer. Dafür wird das Verhalten eher durch informelle, nicht in Gesetze gegossene Normen im Konsens geregelt. Die typische englische Schlange an der Bushaltestelle ist ein Symbol dieser Einstellung: Fair Play statt eines ausgefeilten Systems staatlicher Regelung.

Als Gegenbeispiel kann das Prinzip des russischen Buchhaltungssystems[10)] gelten: Ausführliche staatliche Vorgaben und Kontrolle, mehrfache Dokumentation, „form over substance", also Überwiegen von formalistischen Regeln (aus westeuropäischer Sicht) sind als Form der Unsicherheitsvermeidung von Seiten des Staats erklärbar. So dient die russische Buchhaltung in erster Linie dazu, das Kontrollbedürfnis des Staates zu befriedigen, nicht als Dokumentation der wirtschaftlichen Lage eines Unternehmens. Dies stellt ein Problem besonders für diejenigen russischen Unternehmen dar, die international tätig sind und sich daher an den Internationalen Standards der Finanzberichterstattung (ISFR) orientieren müssen. Die sind nämlich eher von den Systemen der USA und anderer Länder mit niedrigen UVI-Werten geprägt.

[10)] Das Prinzip des russischen Buchhaltungssystems wird z. B. in dem Merkblatt der IHK Düsseldorf und der Deutsch-Russischen AHK erläutert (Stand Juli 2010): **http://www.duesseldorf.ihk.de/linkableblob/1284494/data/M2_RF_Buchhaltung_und_Steuern_in_Russland-data.pdf**.

Beispiel

Seit 2010 gibt es das Bestreben, die Kontrolle von Geschäftsaktivitäten in der Baubranche auf die Ebene der Akteure selbst zu verlagern. In so genannten „Selbstregulierenden Organisationen“ sollen sich die Bauunternehmen gegenseitig selbst kontrollieren, und damit Korruption eindämmen und die Bauqualität erhöhen. Der Staat gibt also einen Teil seiner Kontrollfunktion ab? Nicht ganz: Die Tätigkeit dieser Organisationen wird auch kontrolliert – durch die staatliche Aufsichtsbehörde Gosnadzor.

Die Kulturdimension der Unsicherheitsvermeidung ist eher komplex – es ist nämlich nicht so, dass ein hoher Wert bei der Unsicherheitsvermeidung automatisch mit besonders geordneten Verhältnissen in der realen Welt korrespondiert. Wie ist das zu erklären? Hauptsächlich hängt es damit zusammen, dass es für die Befriedigung des Bedürfnisses nach Unsicherheitsvermeidung auszureichen scheint, wenn Regeln, Gesetze o. ä. zur „Zähmung“ der Situation existieren. Ob diese Gesetze tatsächlich eingehalten, die Regeln umgesetzt werden, ist emotional nicht so entscheidend. Auch *Hofstede* weist auf den merkwürdigen Effekt hin, dass eine extreme Unsicherheitsvermeidung sogar zu besonders unsicheren Ergebnissen führen kann. Er benennt Italien als Beispiel, aber für Russland gilt dies in ähnlicher Weise.

Emotional ist bei der Unsicherheitsvermeidung das Aufstellen von Plänen und Regeln wichtiger als deren Einhaltung.

Es scheint so zu sein, dass es dabei, insbesondere wenn ein hoher Wert bei der Machtdistanz hinzukommt, das Regelwerk seinerseits außer Kontrolle gerät und solche Formen annimmt, dass sich seine Wirkung in das Gegenteil des eigentlich beabsichtigten Effekts verkehrt. Politik und Verwaltung verlieren den Überblick, die Regeln widersprechen sich teilweise oder sind nicht realistisch. Bürger sehen keine Chance, diese Regeln einzuhalten und gehen dazu über, sie vielfach zu ignorieren. Was häufig zu einer weiteren Verschärfung der Regeln führt. Das Gefühl von Unsicherheit nimmt unter diesen Bedingungen nicht ab, sondern verstärkt sich sogar noch. Der Wunsch, diese Unsicherheit zu verringern, wird dabei nicht weniger, aber der Einzelne hat nicht den Eindruck, etwas dagegen tun zu können. Ein gewisser Fatalismus ist die Folge.

2.2 Ist Fremdes interessant oder bedrohlich?

Eine andere Folge der Unsicherheitsvermeidung ist eine gewisse Skepsis gegenüber Fremdem und Andersartigem. Es wird tendenziell als bedrohlich aufgefasst, nicht als interessant gesehen. Nicht unbedingt eine hilfreiche Einstellung in Zeiten der Globalisierung! Die immer wieder aufflammende Debatte über Integration von in Deutschland lebenden Ausländern bzw. Menschen mit Migrationshintergrund illustriert diese Dimension ebenso wie die in Russland weitverbreiteten Ressentiments gegenüber den „Schwarzen“, also Menschen aus dem Kaukasus oder den südlichen ehemaligen Sowjetrepubliken. Diese (Vor-)Urteile äußert man in Russland übrigens im Allgemeinen sehr direkt und ohne den Filter von **Political Correctness** (darauf hatten wir auch schon in Kapitel E hingewiesen).

Deutsche werden meist nicht in diese „gefährliche" Kategorie einsortiert – aber umgekehrt kann das schon passieren. Sie werden das feststellen, wenn Sie, versehen mit einer differenzierten Einschätzung, Bekannten von Ihrem Russlandengagement erzählen: Auch gebildete Deutsche lassen sich oft genug zu erstaunlich groben Äußerungen hinreißen.

2.3 Risikobereitschaft trotz Unsicherheitsvermeidung

Übrigens geht ein hoher UVI überhaupt nicht einher mit einer geringen Risikobereitschaft – wie jeder bestätigen wird, der mal in Moskau in einem Auto unterwegs gewesen ist oder an einem Grillabend in einem russischen Waldgebiet teilgenommen hat. Wie ist das zu erklären? Es liegt daran, dass das Verhältnis von Unsicherheit zu Risiko etwa so ist wie das von Angst zu Furcht: Angst und Unsicherheit haben kein spezifisches Objekt. Es handelt sich vielmehr um diffuse Gefühle von Uneindeutigkeit oder Bedrohung, ohne dass man so ganz genau weiß, was einen bedroht. Bei Furcht und Risiko dagegen ist das Objekt bekannt, man fürchtet sich vor der Ansteckung mit einer gefährlichen Krankheit oder bewertet das Risiko einer Geldanlage. Das bedeutet, die Situation ist vielleicht gefährlich, wird jedoch nicht als unsicher eingeschätzt, denn man meint sie ja zu verstehen. Das rationale Element scheint hier höher zu sein, auch wenn das oft ein Trugschluss ist – wir meinen jedenfalls, die Situation realistisch einschätzen und sinnvoll handeln zu können.

Risiken werden nicht als unsicher eingeschätzt, deshalb verringert ein hoher UVI nicht die Risikobereitschaft!

Allerdings gründet sich unsere subjektive Risikoeinschätzung weniger auf objektive Wahrscheinlichkeitsstatistik als auf Medienaufmerksamkeit, Wunschdenken, optimistischem Selbstbild oder einfach Gewohnheit: Würden wir heute eine neue Technologie zulassen, die in nur einem Jahr 3.600 Todesopfer fordert und 62.000 Schwerverletzte (2010)? Trotzdem fahren wir Auto, denn jeder Einzelne glaubt, sein Fahrzeug und die Verkehrssituation beherrschen zu können.

3. Unsicherheitsvermeidung in der Zusammenarbeit

Wie zeigt sich diese Kulturdimension denn nun in der Praxis der deutsch-russischen Zusammenarbeit? Warum bzw. wann kann sie zum Problem werden? Zunächst können wir festhalten, dass auf der deutschen Seite ja auch eine gewisse Tendenz zur Unsicherheitsvermeidung besteht, die Einstellung ist uns also nicht so ganz fremd. Nur empfinden wir manches als übertrieben und haben Schwierigkeiten mit einigen scheinbaren Widersprüchen im Verhalten unserer russischen Partner. Dabei zeigt sich Unsicherheitsvermeidung in vielen Aspekten der Kooperation. Sie kann sich in unterschiedlichen Verhaltensweisen äußern.

3.1 Großer Informationsbedarf

Zunächst wird man einen aus deutscher Sicht manchmal extrem wirkenden Informationsbedarf seitens eines Partners feststellen. Es gibt unendliche Fragen und Rückfragen zu allen Aspekten einer geplanten Aktivität, eine Vorplanung bis hin zu (nebensächlichen?) Details.

Beispiel

- „Schicken Sie uns bitte die Lizenz, die Sie berechtigt, diese Leistung anzubieten!"
- „Wie sieht das Schild aus, mit dem der Fahrer die Delegation am Flughafen trifft? Bitte gescannte Version mailen!"
- „Wie groß ist die Duschkabine in dem gebuchten Hotel? Bitte die Abmessungen durchgeben!"

Wer das lustig findet, sollte gedanklich vorübergehend die Seite wechseln. Wie fühlt es sich an, wenn man selbst etwas genau planen möchte und mit Menschen zu tun hat, die Unsicherheitsvermeidung nicht so wichtig finden?

Beispiel

Eine Kollegin von *Andrea* berichtet von ihren Erfahrungen mit einer indischen Delegation: „Wir wollten die Gäste vom Flughafen in Frankfurt abholen, ein Bus und ein Betreuer waren schon gebucht, aber nun ging es um die Details und das war richtig schwer. Meine Bitten, mir doch die Fluginformationen zu schreiben, verhallten lange Zeit ungehört, und ich machte mir schon richtig Sorgen. Dann kam endlich eine Mail mit den Angaben, aber auch mit dem Hinweis, dass einige Gäste eventuell mit einem anderen Flug kommen könnten. Einen Treffpunkt zu vereinbaren, gelang mir überhaupt nicht, man würde sich schon finden. Überhaupt solle ich mir nicht so viele Sorgen machen, das würde schon alles klappen. Was übrigens auch stimmte: Gruppe und Betreuer fanden sich irgendwie in Frankfurt, man wartete noch einen weiteren Flug ab, und ein Teilnehmer meldete sich später, er war schon einen Tag früher ganz selbständig zum Zielort gereist."

3.2 Zu Beginn: Misstrauen überwinden

Weiter kann zu Beginn einer Geschäftsbeziehung ein gewisses Misstrauen spürbar sein, denn ein hohes Unsicherheitsgefühl führt auch zu geringem Vertrauen fremden Menschen gegenüber. Missverständnisse oder kleine Fehler in dieser frühen Phase des Kennenlernens werden von der russischen Seite erstaunlich (für die Deutschen) übel genommen: „Es war doch nur ein Irrtum, warum dann diese heftige, emotionale Reaktion?" Das liegt eben daran, dass dieser Irrtum Unsicherheit erzeugt hat, und das ist für russische Menschen schwer auszuhalten.

3.3 Arrogantes Auftreten als Symptom für Unsicherheit

Es kann auch sein, dass der Partner seinen Status, seine Position oder Kompetenz zunächst (über) betont. Er möchte sichergehen, dass Sie ihn richtig einordnen und nicht unterschätzen. Das hat auch mit dem Generalverdacht der Russen zu tun, von anderen, besonders westlichen Ausländern, unter Wert wahrgenommen und nicht richtig geschätzt zu werden. Es entspricht aber auch einer Selbsteinschätzung, die stark zwischen Selbstzerfleischung und Großmannssucht schwankt. Beim Aufbau einer Kooperationsbeziehung möchte man klare Verhältnisse und sicherstellen, dass einem das in dieser Zusammenarbeit nicht passiert.

So ähnlich lässt sich das arrogante Auftreten der „neuen" Russen interpretieren: Trotz großer Erfolge und Wohlstandes steckt in diesen Menschen oft eine beträchtliche persönliche Unsicherheit und der Verdacht, von westlichen Geschäftsleuten nicht auf Augenhöhe wahrgenommen zu werden. „Würden Sie mit einem Amerikaner auch so umgehen?", ist deshalb eine häufige Reaktion, wenn es mal eine Panne gibt. Diese Unsicherheit führt dann zu einem betont forschen und für unseren Geschmack angeberischen Verhalten oder zu offensichtlich grundlosen Beschwerden. Am bestens reagiert man respektvoll und gleichzeitig freundlich und menschlich „normal", mit viel Verständnis für den enormen Druck, unter dem jemand nun einmal steht, der vielleicht für mehrere Unternehmen und 10.000 Mitarbeiter verantwortlich ist.

4. Wie kann man Sicherheit schaffen?

Auf die deutschen Kollegen oder Partner wirkt das alles manchmal nicht besonders sympathisch oder zumindest ausgesprochen anstrengend. Manches Projekt, manche Geschäftsbeziehung wird deshalb wahrscheinlich schon eingeschlafen sein. Schließlich ist sich ja die deutsche Seite keiner Schuld bewusst, was hat man denn hier falsch gemacht, dass man ständig irgendwelcher Untaten verdächtigt wird?

Wenn man allerdings weiter zusammenarbeiten will oder muss, ist es natürlich nötig, sich auf dieses Sicherheitsbedürfnis einzustellen und insbesondere zu Anfang einer Kooperation die Hürden zu überwinden, die da – unsichtbar für einen selbst – aufgebaut zu sein scheinen. Glücklicherweise gibt es eine Reihe von praktischen Maßnahmen, die wirklich helfen und beiden Seiten das Leben enorm erleichtern können.

4.1 Kontakte/Empfehlungen

Im Vorfeld der Kontaktaufnahme und bei der Suche nach Partnern, Lieferanten, Kunden ist es in mehrfacher Hinsicht sehr sinnvoll, über Empfehlungen zu arbeiten. Wenn der Kontakt über die Vermittlung einer Person zustande kommt, die der gewünschte Partner gut kennt und die er schätzt, entfallen häufig einige Stufen des Abschätzens, Prüfens, „Beschnupperns" auf russischer Seite – der Freund meines Freundes ist auch mein Freund. Solche Empfehlungen ergeben sich häufig von selbst. Man kann sie auch aktiv generieren, wenn man bestehende gute (!) Kontakte anspricht und um eine Einführung bittet. Sicher können Sie sich bei anderer Gelegenheit dafür erkenntlich zeigen, jeder braucht ja mal Unterstützung. Im Grunde ist hier solides Networking gefragt, wobei man seinen eigenen Beitrag nicht vergessen sollte.

4.2 Persönliche Beziehungen

Sie ahnen es wahrscheinlich schon – die tragfähige persönliche Beziehung zu den Partnern, die schon mehrfach erwähnt wurde, ist auch in diesem Fall von großer Wichtigkeit. Je besser man sich kennen und hoffentlich schätzen lernt, umso leichter wird die Zusammenarbeit, umso weniger krisenanfällig wird die Geschäftsbeziehung. Das **P-Ass** ist hier das Vertrauen. Wir gehen im Kapitel I noch ausführlich darauf ein. Auf jeden Fall sorgt ein fester Ansprechpartner für alle Fragen für Sicherheit und Stabilität in der Beziehung. Man kann sich kennenlernen, gemeinsam Erfolge feiern und Krisen überwinden. Der Ansprechpartner auf der deutschen Seite kann ja Vorgänge, für die er nicht zuständig ist, dann intern weiter verteilen, bleibt aber in direktem Kontakt mit seinem russischen Gegenüber. Weil diese persönliche Beziehung so wichtig ist, sollte auch ein Stellvertreter frühzeitig ins Spiel gebracht werden, zunächst rein auf der Ebene des persönlichen Kennenlernens. So muss man im Fall eines Wechsels, bei Urlaub oder Krankheit wenigstens nicht wieder ganz von null anfangen. Ein ständiges Hin und Her, dauernde Wechsel sind jedenfalls dem Aufbau von Sicherheit und Vertrauen nicht zuträglich, ebenso wenig wie Hinweise der Art: „Dafür bin ich nicht zuständig, das müssen Sie mit meiner Kollegin besprechen!"

P-Ass: Persönliches Kennenlernen erhöht das Vertrauen und verringert die Unsicherheit.

4.3 Geschenke

Übrigens gilt hier auch das Sprichwort „Kleine Geschenke erhalten die Freundschaft". Das hat nichts mit Bestechung zu tun, sondern ist eine weitere Besonderheit von Kulturen mit hoher Unsicherheitsvermeidung. Mit dem Geschenk versucht man, sich die „Freundschaft" des anderen zu sichern. Das ist der tiefer liegende und uns meist nicht bewusste Sinn der Sache. Umgekehrt und genauso unbewusst wird ein Geschenk, das man bekommt, als Interesse an einer längerfristigen Beziehung verstanden.

4.4 Geduld

Trotz allem werden Sie am Anfang auch bei guten Voraussetzungen viel Geduld brauchen, denn den Informationsbedarf Ihrer Partner müssen Sie zu Beginn unbedingt befriedigen: Zahlen, Daten, Fakten – je mehr, desto besser. Machen Sie es einfach! Reaktionen wie „Das sehen wir dann", „Das müssen wir doch jetzt noch nicht festlegen" oder „Das kann ich jetzt noch nicht sagen", sollten Sie sich verkneifen. Diese werden Ihre Partner nur verunsichern, auch wenn sie sachlich begründbar sind. Insofern hätte die deutsche Gesprächspartnerin in dem eingangs erwähnten Beispiel auch mutiger ihre eigenen Zweifel unterdrücken und ein gewisses Risiko des Scheiterns eingehen sollen. Sie erwartete ja auch eine gewisse Risikobereitschaft von ihrem russischen Partner. Je geduldiger Sie in dieser Phase sind und je kompetenter Sie auf die Fragen eingehen können, desto besser wird es später laufen. Gewisse Abweichungen vom Plan werden Ihre Partner überhaupt nicht übelnehmen, solange im Wesentlichen alles so läuft wie angekündigt.

4.5 Frühzeitige Kommunikation

Und wenn es doch mal unvorhergesehene Probleme gibt? Dann sollten Sie Ihre Partner möglichst frühzeitig darüber informieren, sodass er die Möglichkeit hat, sich darauf einzustellen. Ansonsten kann er sich leicht hintergangen fühlen, auch wenn das überhaupt nicht Ihre Absicht war. Dass man ein wesentliches Problem am besten zusammen mit einigen Lösungsvorschlägen präsentiert, versteht sich eigentlich von selbst.

4.6 Deutsche „Tugenden“

Bei der Bewältigung der Unsicherheitsvermeidung kann uns übrigens das russische Stereotyp über Deutsche zu Hilfe kommen. Wenn Russen an Deutschen Eigenschaften wie Ehrlichkeit und Zuverlässigkeit schätzen, ist das ein Ausdruck ihres Bedürfnisses nach Vorhersehbarkeit. Und wenn all das dann tatsächlich von den Deutschen so gelebt wird wie erwartet, ist man zufrieden und beruhigt.

Andererseits kann deshalb die Enttäuschung besonders groß sein, wenn die deutschen Partner diese Erwartungen nicht erfüllen. Es empfiehlt sich also, gerade zu Beginn einer Kooperation die stereotypen Erwartungen hinsichtlich deutscher Zuverlässigkeit, Pünktlichkeit, Genauigkeit möglichst weitgehend zu erfüllen. Es beruhigt einfach, denn es gibt eine Art Wiedererkennungseffekt, der die Fremdheit überbrückt. So legen Sie eine Basis für die Zusammenarbeit. Später lernt man sich dann näher kennen, kann auf eine persönlichere Ebene wechseln und sich von dem Abziehbild des Stereotyps lösen. Auch hierzu später in Kapitel I noch mehr.

5. Marketing und Vertrieb

Im Marketing führt die hohe Ausprägung der Kulturdimension Unsicherheitsvermeidung dazu, dass Marken eine große Bedeutung haben. Russische Verbraucher mögen keine **No-Name**-Produkte, sie schätzen die Reduktion der Kaufunsicherheit, die etablierte Marken bieten (oder zumindest zu bieten scheinen). Neben der Etablierung und Pflege von Marken sollten Sie auf umfassende Information Ihrer Kunden setzen, z. B. durch genaue Produktbeschreibungen und Informationen über die Leistungsfähigkeit Ihres Unternehmens.

Und nochmal: Zahlen, Daten, Fakten statt wolkiger Werbefloskeln auf Ihrer Website, in Ihren Prospekten und sonstigem Werbematerial. Neben Informationen geben auch Muster, Proben oder Arbeitsbeispiele Ihrem Kunden das Gefühl, bei Ihnen in guten Händen zu sein.

Dazu gehört auch, dass Sie zu einem relativ frühen Zeitpunkt in der Lage sein sollten, zumindest **Orientierungspreise** zu nennen. Dies ist ein schwieriger Punkt, besonders bei komplexen Produkten, Dienstleistungspaketen usw., bei denen die Antwort deutscher Vertriebsleute auf die „Preisfrage“ meist reflexhaft mit „Das kommt darauf an ...“, beginnt. Suchen Sie nach einer Lösung für diese Situation, durch Standardpakete, Musterkonfigurationen oder wie es für Ihr Geschäftsfeld machbar und sinnvoll ist. Wenn Sie nämlich auf die Frage nach dem Preis keine Antwort geben können, verunsichern Sie Ihren potenziellen Kunden, er wird sofort misstrauisch werden und vielleicht sogar vermuten, dass Sie entweder nicht kompetent sind oder ihn irgendwie übervorteilen wollen.

6. Unsicherheitsvermeidung für Führungskräfte

Das Verhältnis zwischen Vorgesetzten und Mitarbeitern in Russland haben wir im Kapitel C schon ausführlich beschrieben. Aus dem Blickwinkel der Kulturdimension Unsicherheitsvermeidung gibt es noch einen weiteren Aspekt, den Sie beachten sollten: Wenn der Vorgesetzte durch klare Vorgaben den Handlungsrahmen bestimmt, „heilt“ das in gewisser Weise das latente Unsicherheitsgefühl der Mitarbeiter. Umgekehrt kann ein Vorgesetzter, der das nicht tut, die Mitarbeiter zusätzlich verunsichern. Von daher hat die Erwartung an Vorgesetzte oder Projektleiter nach klarer Führung zwar auch mit Machtdistanz zu tun, aber eben nicht nur. Die klare Annahme der Führungsrolle ist nötig, um eine sichere Basis für das Handeln der Mitarbeiter zu legen. Nur auf dieser Basis werden sie dann die geforderten Leistungen erbringen können.

Die Orientierung kann sich auch in der Vorgabe ausdrücken, dass Mitdenken, Eigeninitiative und die Übernahme von Verantwortung erwünscht sind. Setzen Sie das nicht als selbstverständlich voraus. Es kann auch sein, dass nicht alle Mitarbeiter damit zurechtkommen oder so arbeiten wollen. Deutsche Führungskräfte, die in einer russischen Niederlassung mehr Verantwortung an die Mitarbeiter delegieren wollen (oder müssen, weil sie sonst die Vorgaben ihrer deutschen Zentrale nicht erfüllen können), berichten von längeren Anlaufproblemen. Es kann auch zu einer gewissen Fluktuation kommen, bis sich ein Team zusammenfindet, dem diese Art der Arbeit gefällt und das dazu bereit ist.

Die Vorliebe für klare Aufgabenstellungen bestimmt auch die Zusammenarbeit in Arbeitsgruppen, z. B. bei Schulungen, in Qualitätszirkeln oder Workshops. Die vage Aufforderung, sich mal Gedanken über dieses oder jenes zu machen, wird die Gruppenmitglieder nicht motivieren und nicht zu guten Ergebnissen führen. Formulieren Sie stattdessen einen klaren Arbeitsauftrag, ein Ziel, erwünschte Ergebnisse. Sie müssen nicht befürchten, dass Sie damit Kreativität abtöten – im Gegenteil: Die Kreativität wird sich in diesem festen Rahmen erst richtig entfalten. Denn die Gruppe muss nicht mit ihrer Unsicherheit kämpfen, sondern kann ihre Energie und schöpferische Fantasie ganz der Aufgabe widmen.

Eingangs haben wir schon darauf hingewiesen: In Kulturen mit ausgeprägter Unsicherheitsvermeidung haben Fachkenntnisse und Expertentum einen hohen Stellenwert. Das ist in Deutschland zwar tendenziell auch der Fall, wird aber in manchen Zusammenhängen nicht ganz so streng genommen. Wenn Sie für Ihr russisches Team einen Unternehmensberater oder Coach für eine Problemlösung engagieren, sollten Sie auf jeden Fall darauf achten, dass dieser auch über fundierte Branchenkenntnisse verfügt, auch wenn es streng genommen für die Aufgabe nicht unbedingt erforderlich ist. Sonst kann es passieren, dass der Berater nicht akzeptiert wird, auch wenn er noch so kompetent ist.

7. Projektmanagement: Der Mensch macht einen Plan ...

Was bedeutet das alles für die Zusammenarbeit innerhalb eines Projektteams? Dabei spielen verschiedene Faktoren eine Rolle:

7.1 Gemeinsame Pläne

Auf der russischen Seite haben wir ein ausgeprägtes Sicherheits- und Regelbedürfnis, verbunden mit einer Wirklichkeit, die unsicher ist und sich schnell ändert. Auf der deutschen Seite haben wir ein mittleres Sicherheitsbedürfnis, ein gewisses Maß an Selbstregulierung und vor allem die Erwartung, dass Planungen dafür da sind, möglichst ohne große Veränderungen umgesetzt zu werden. Außerdem wird die Übereinstimmung von Plan und Wirklichkeit als ein Qualitätsmerkmal gewertet. Mit dem eingangs erwähnten „Reiseplan" der Deutschen Bahn können die Reisenden ja nicht nur ihre Reise planen, sondern auch die Pünktlichkeit der Züge kontrollieren. Und das wird ausgiebig getan, wie die ständige öffentliche Diskussion über Verspätungen zeigt.

Russen werden meistens gern auf eine detaillierte Planung eingehen und motiviert daran mitarbeiten. Ihnen gefällt die Ernsthaftigkeit, mit der sich ein deutscher Projektmanager dieser Aufgabe widmet, denn das gibt ihnen das gute Gefühl, dass man die Dinge im Griff hat. So weit, so gut.

7.2 Umgang mit Veränderungen

Die Schwierigkeiten beginnen, wenn sich Veränderungen ergeben, aus welchen Gründen auch immer. Die Russen haben das nicht anders erwartet und sind erstaunt, wie sehr sich der deutsche Partner darüber aufregt. Veränderungen von Rahmenbedingungen sind doch normal, oder? Die russischen Manager können einerseits verstehen, dass ihr deutscher Kollege nicht gerade begeistert von den Veränderungen ist, auf die geradezu moralische Empörung der deutschen Seite werden sie jedoch nur irritiert reagieren. Schließlich sind sie zahlreichen äußeren Einflüssen ausgesetzt, die sich der Deutsche kaum vorstellen kann. Der deutsche Manager ist seinerseits auch irritiert. Er fühlt sich vielleicht sogar hinters Licht geführt: Eben noch wurde feierlich der Projektplan verabschiedet und nun soll er nichts mehr wert sein? Diese Situation schafft auf der deutschen Seite auch Verunsicherung, nämlich Unsicherheit darüber, ob man dem Gegenüber eigentlich trauen kann. An dieser Stelle kann schnell ein Strudel an gegenseitiger Enttäuschung, Verärgerung und neu aufkeimendem Misstrauen das Projekt in die Tiefe ziehen.

Wir müssen uns immer vor Augen halten, dass die Kulturdimension der Unsicherheitsvermeidung eine sehr emotionale Angelegenheit ist und entsprechend vorsichtig mit unseren eigenen Reaktionen und denen unserer Partner umgehen.

Im Grunde ist es so: Die Planungsphase wird von den russischen Kollegen (unbewusst natürlich) genutzt, um die Unsicherheit zu bändigen, die in einem gemeinsamen Vorhaben nun einmal liegt. Es beruhigt einfach ungemein, einen Plan zu haben! Bei der Umsetzung kommen aber andere Faktoren ins Spiel: Der polychrone Lebensstil erfordert schnelle Reaktionen auf Anforderungen aus dem Netzwerk der Einzelnen. Das bringt sowieso ständige Änderungen der persönlichen Planung mit sich, wie wir gesehen haben. Die hohe Machtdistanz führt zu Eingriffen „von oben" in die Rahmenbedingungen, sei es durch staatliches Handeln oder durch Vorgesetzte.

7.3 Flexible Umsetzung

Das kann jetzt zu dem Eindruck führen, dass die russische Seite die Planung nicht ernst nimmt, also nur so tut als ob. Das ist nicht der Fall – auch den Russen ist es angenehm, wenn ein Plan umgesetzt wird. Sie nehmen ihn ernst und werden auch ihr Bestes tun, daran mitzuwirken. Nur ist eben ihr Leben so, dass das selten möglich ist und man kann sich nicht jedes Mal darüber aufregen, wenn es eine Veränderung gibt. Stattdessen lernt man aber zu improvisieren, schnell und kreativ Lösungen zu finden: Wenn man auf direktem Weg nicht ans Ziel kommt, dann nimmt man eben einen indirekten oder erinnert sich an einen Schleichweg, den nicht jeder kennt. Von daher ist für sie ein Termin manchmal eher ein Zeitraum als ein Zeitpunkt. Während die meisten deutschen Projektmanager einen flexiblen Umgang mit Meilensteinen und Abgabeterminen einfach als schlechtes Management ansehen und nicht akzeptieren wollen oder können, dass man auch etwas anders an ein Projekt herangehen kann, als sie es gewohnt sind.

Wenn Sie sich diese Zusammenhänge vergegenwärtigen, können Sie die Zusammenarbeit viel gedeihlicher gestalten: Sie reduzieren Ihre eigene Unsicherheit, denn Sie verstehen, was läuft. Sie werden entsprechend weniger dazu neigen, mit Enttäuschung und Misstrauen zu reagieren. Und Sie können die Situation auch in gewissem Maße gestalten: Indem Sie nämlich zu Anfang und zwischendurch die Meilensteine deutlich kommunizieren, auf die es wirklich ankommt und mit den Terminen dazwischen etwas entspannter umgehen.

Machen Sie Ihren Projektpartnern von vornherein deutlich, welche Termine unbedingt eingehalten werden müssen und bleiben Sie gleichzeitig flexibel auf dem Weg dorthin.

8. Freundschaft zur Überwindung der Unsicherheit

8.1 Zu Gast bei Freunden

Zu den Eigenschaften, die viele Deutsche von Russen erwarten, gehört die Gastfreundschaft, und das mit Recht: Sie hat einen hohen kulturellen Wert in Russland. Man kann als Gast davon ausgehen, viele wirklich schöne Erlebnisse und ein paar Kilo Gewichtszunahme mit nach Hause zu nehmen. Dabei spielt auch die Unsicherheitsvermeidung eine wichtige Rolle, denn die Gastgeber fühlen sich für ihre Gäste rundum verantwortlich. Das kann bisweilen Formen annehmen, die uns Deutsche erstaunen und möglicherweise irritieren.

Beispiel

Andrea: Mit meinem Mann fuhr ich vor einigen Jahren mit der Transsibirischen Eisenbahn von Moskau nach Beijing. In Irkutsk besuchten wir eine Freundin, die prompt die Organisation unseres Aufenthalts übernahm: Vom Kulturprogramm bis zur Verpflegung war für alles bestens gesorgt, es war wirklich toll. Als wir allerdings ein paar Stunden einfach mal durch die Stadt bummeln wollten, wurde es kompliziert, die ganze Familie schien sich Sorgen zu machen, dass wir verlorengehen oder verhungern oder wenigstens ausgeraubt werden könnten. Unser Hinweis, dass wir die 3.000 km bis Irkutsk doch auch überlebt hätten und bei einem Spaziergang in einer friedlichen Provinzmetropole kaum etwas wirklich Schreckliches passieren könnte, wurde nur zähneknirschend akzeptiert. Wir fanden einen Kompromiss: Unsere fürsorgliche Gastgeberin organisierte einen Fahrdienst ins Stadtzentrum und zurück und wir bekamen zwei Stunden Freizeit.

Russen möchten sich um ihre Gäste besonders gut kümmern, sie werden ihnen in allem nach Kräften helfen und sie mit manchmal eben überwältigender Intensität versorgen. Wenn Sie in dieser Situation sind, ergeben Sie sich und genießen Sie es nach Kräften! Sie müssen dabei kein schlechtes Gewissen haben, für Ihre Gastgeber ist es normal, sich so gut um Sie zu kümmern und Sie müssen ja keine kapriziösen oder schwierig zu erfüllenden Anforderungen stellen. Und ein bisschen Freiheit kann man sich auch manchmal erkämpfen, wenn die Umklammerung zu eng wird.

8.2 Russische Gäste

Im umgekehrten Fall, wenn Sie russische Gäste in Deutschland zu betreuen haben, sollten Sie sich dann nicht wundern, wenn diese einiges von Ihnen erwarten. Ihre Gäste nach dem Frühstück zu fragen, was sie denn vorhaben und den Busfahrplan zu übergeben, wird nicht ausreichen. Im Gegenteil, es wird als sehr kühl und unfreundlich empfunden werden. Auch heute noch kann es sein, dass Sie mit Menschen zu tun haben, die gar nicht oder nicht oft im westlichen Ausland waren. Diese werden entsprechend unsicher sein und Ihre Betreuung und Begleitung auch wirklich brauchen. Planen Sie deshalb von vornherein ausreichend Zeit für die Betreuung ein, damit Sie nicht durch andere Termine eingeengt werden. Überlegen Sie sich ein Programm für gemeinsame Erlebnisse, einschließlich schöner Mahlzeiten und Zeit zum Einkauf von

Souvenirs und Geschenken. Dabei sollten Sie nichts „typisch Russisches“ vorsehen, der Besuch von Konzerten mit russischen Volksliedern oder russischen Restaurants ist z. B. überhaupt nicht attraktiv. Örtliche Sehenswürdigkeiten, typisch deutsche Freizeit-Aktivitäten wie gemeinsam Grillen oder Kegeln, oder auch ein regionales Fest werden Ihren Gästen dagegen bestimmt gefallen. Und richten Sie sich darauf ein, dass alles, wirklich alles fotografiert werden wird, meist mit Ihnen und Ihren Gästen im Bild.

Genießen Sie die russische Gastfreundschaft, auch wenn sie überwältigend sein kann! Und betreuen Sie Ihre russischen Gäste genauso fürsorglich und umfassend.

Sie werden übrigens merken, dass im Wiederholungsfall gern auf vertraute Elemente zurückgegriffen wird – dasselbe Hotel, dieselbe Programmstruktur, dasselbe Restaurant. Auch dadurch, dass man auf solche Wünsche eingeht, kann man die Unsicherheit der Gäste reduzieren. Gleichzeitig verringert das auf Dauer den Abstimmungsbedarf. Sie werden merken, dass die Zahl der Emails, die zur Vorbereitung hin und her geschickt werden, deutlich abnimmt, wenn man erst mal eine Struktur, einen Ablauf oder Rahmenbedingungen abgestimmt hat.

Dies alles gilt im Grunde gleichermaßen für private wie für geschäftliche Gäste, denn der Wunsch nach Unsicherheitsvermeidung, das Bedürfnis nach Fürsorge und Betreuung macht keinen Unterschied zwischen Privatem und Beruflichem! Und auch nicht zwischen mehr oder weniger „wichtigen“ Kunden, Projektpartnern oder Lieferanten. Bei allen lässt sich mit freundlicher, fürsorglicher Betreuung das Gefühl der Unsicherheit in einer ungewohnten Situation bekämpfen und die Köpfe freimachen für gemeinsame Erlebnisse, Arbeit oder Projektmeetings.

Nutzen Sie die russische Vorliebe für Wiederholung von Bekanntem als Arbeitserleichterung!

9. Unter Wissenschaftlern und Studenten

Auch für die deutsch-russische Zusammenarbeit in der Wissenschaft, in Kooperationsprojekten oder im Studentenaustausch gelten die Empfehlungen, die wir Ihnen in diesem Kapitel schon gegeben haben.

9.1 Unverständliche Experten

Einige Besonderheiten gibt es aber auch: Zunächst einmal diagnostiziert *Hofstede* eine Verbindung zwischen hohen Werten beim Unsicherheitsvermeidungsindex (UVI) und geringen Bemühungen um verständliche Ausdrucksweise bei Wissenschaftlern und Experten. Dabei ist Verständlichkeit weder in Deutschland noch in Russland ein besonders hohes Gut, genau, wie man es nach den UVI-Werten erwarten kann. Expertentum zeigt sich traditionell eher in einer komplizierten Ausdrucksweise, man erwartet von einem Wissenschaftler nicht die zusätzliche Anstrengung, einen Text verständlich oder von der grafischen Gestaltung her leserfreundlich zu machen. Im Extremfall wird Verständlichkeit sogar mit einem niedrigen wissenschaftlichen Niveau gleichgesetzt. In Deutschland ist hier in den letzten Jahren etwas in Bewegung in diese Tradition gekommen, vor allem unter dem Einfluss des anglo-amerikanischen wissenschaftlichen Stils, der auf Einfachheit und Klarheit setzt.

Die Verbindung zwischen Verständlichkeit und Unsicherheitsvermeidung ist vielleicht dadurch zu erklären, dass es Wissenschaftlern sehr wichtig ist, als Experten wirklich anerkannt zu werden. Und da es keine Uniform oder ein ähnlich eindeutiges Erkennungsmerkmal gibt, nutzen sie dafür eben die Sprache. Deshalb kann es schon zu Auseinandersetzungen über die Textgestaltung kommen, wenn in internationalen Forschungsprojekten gemeinsame Artikel, Berichte oder Präsentationen erstellt werden müssen. Diesen kulturellen Hintergrund sollte man dabei verstehen, damit die notwendigen Diskussionen nicht zur persönlichen Abqualifizierung der einen oder anderen Seite führen.

9.2 Professoren und Studenten

Im Umgang mit russischen Studenten betrifft die Kulturdimension der Unsicherheitsvermeidung vor allem die Beziehung zwischen Lehrkraft und Studenten. Bei einem hohen UVI erwarten die Studenten, dass Lehrkräfte eine hohe fachliche Expertise besitzen und alle Fragen beantworten können. Andererseits werden sie weniger kritisch mit ihren Professoren diskutieren, denn traditionell funktionieren in Russland Lehrveranstaltungen nach dem Prinzip: Der Professor trägt vor, einige aktive Studenten stellen Fragen, alle anderen hören nur zu und schreiben mit.

Allerdings bedeutet das nicht, dass mit russischen Studenten nur Frontalunterricht möglich wäre. Gerade in den letzten Jahren ist die Hochschuldidaktik auch in Russland in Bewegung gekommen. Bei Fallstudien, Planspielen oder Gruppenpräsentationen machen russische Studenten enthusiastisch mit. Nur sollte man trotzdem zumindest wissen, dass die russischen Studenten aus einer anderen Lehrtradition kommen. So bevorzugen Studenten aus Ländern mit einem hohen UVI-Punktwert wie Russland klare Aufgabenstellungen, für die es eindeutig richtige und falsche Lösungen gibt. Hier sieht man deutliche Parallelen zur Personalführung, bei der die Situation ähnlich ist.

Im Übrigen ist auch sonst manches am deutschen Hochschulbetrieb für russische Studenten ungewohnt und nicht immer positiv:

Beispiel

Eine russische DAAD-Stipendiatin äußerte auf einer deutsch-russischen Konferenz den Wunsch nach einer intensiveren Betreuung durch die Hochschullehrer, nach mehr Fürsorge auch für das persönliche Wohlfühlen der Studenten oder Doktoranden. Sie drückte sich sehr höflich aus, aber zwischen den Zeilen war herauszuhören, dass sie sich gelegentlich allein gelassen fühlte und den Hochschulbetrieb als ziemlich unpersönlich empfand.

Gleichzeitig wird der eigene Erfolg z. B. bei Prüfungen laut *Hofstede* eher einem glücklichen Zufall oder einer höheren Macht zugeordnet als der eigenen Anstrengung, wie dies bei Kulturen der Fall ist, die weniger zur Unsicherheitsvermeidung tendieren. Bei Letzteren führt diese Einschätzung zu einer intensiveren eigenen Anstrengung, da man sicherer ist, dadurch Ergebnisse beeinflussen zu können.

Russische Studenten sind oft weniger kritisch als ihre deutschen Kommilitonen, erwarten aber eine intensivere Betreuung. Sie schätzen klare Aufgabenstellungen.

10. Vorteile und Chancen

Welche Vorteile können sich aus der russisch-deutschen Zusammenarbeit im Hinblick auf Planung und Flexibilität ergeben? Und wie kann man die Unterschiede kreativ nutzen?

Der Beitrag der deutschen Seite wird eine starke planerische Grundstruktur sein, ein einigermaßen diszipliniertes Abarbeiten von Aufgabenpaketen, das Einhalten wichtiger Termine. Aber was ist, wenn man in einer unsicheren, komplexen, ungeregelten Umgebung arbeitet, in der der sich die Rahmenbedingungen öfter ändern? Das ist beileibe nicht nur in Russland der Fall – die weltweite wirtschaftliche Verflechtung kann jederzeit und überall zu neuen Situationen, Krisen, Engpässen führen und tut es ja auch oft genug. In dieser Situation kommt der russische Beitrag zum Zuge: Sie werden feststellen, dass Sie keinen „Schönwetter-Partner" haben, sondern jemanden, der nicht gleich ohnmächtig wird, wenn es plötzliche Veränderungen gibt. Einen Partner, der daran gewöhnt ist, plötzlich auftretende Probleme kreativ zu lösen.

Die Kombination von starker Planung und starker Flexibilität ist sehr schlagkräftig und wird Ihre Erfolgschancen – einzeln und gemeinsam – nur erhöhen.

11. Dos & Don'ts

1. Akzeptieren Sie das größere Sicherheitsbedürfnis Ihrer russischen Partner. Nehmen Sie die vielen Fragen, Nachfragen und Zweifel möglichst nicht persönlich, sie sind auch meistens nicht so gemeint.
2. Schaffen Sie aktiv bei Ihren Geschäfts- und Projektpartnern ein Gefühl von Sicherheit. Dafür gibt es verschiedene Möglichkeiten:
   - Arbeiten Sie mit Empfehlungen Dritter. Wenn sich persönliche Bekannte oder renommierte Organisationen für Sie verbürgen, geben Sie Ihren Partnern die Sicherheit, dass man Ihnen trauen kann.

- Spielen Sie das **P-Ass**: Sorgen Sie für eine gute persönliche Beziehung und für einen festen Ansprechpartner.
- Informieren Sie Ihre Partner so ausführlich wie möglich – über Ihr Unternehmen, Ihre Produkte, Ihre Geschäftsbedingungen.
- Seien Sie darauf vorbereitet, Orientierungspreise zu nennen, z. B. für ein Standard-Leistungspaket, das Sie vorab definiert haben.
- Geben Sie Ihren Partnern auch die Gelegenheit, Ihre Angaben zu überprüfen, z. B. durch Besuche oder Referenzen.
- Nutzen Sie die Stereotypen der deutschen Zuverlässigkeit und Pünktlichkeit und erfüllen Sie diese Erwartungen: Seien Sie so korrekt und berechenbar, wie man es von Ihnen erwartet.

3. Auch Ihre russischen Mitarbeiter brauchen Sicherheit. Geben Sie Ihnen deshalb einen klaren und verlässlichen Rahmen:
   - Zeigen Sie Ihren Willen, Ihre Führungsrolle auszuüben. Eine unsicher wirkende Führungskraft verunsichert auch die russischen Mitarbeiter.
   - Geben Sie den Mitarbeitern Orientierung durch klare Arbeitsanweisungen: Was soll bis wann erledigt werden? Und bei Bedarf auch: Wie soll das geschehen?
   - Machen Sie Ihre Erwartungen an die Arbeitsleistung deutlich und verweisen Sie auch explizit auf Entscheidungsspielräume und gewünschtes Maß an Kreativität.
   - Ziehen Sie als Berater nur Experten mit Branchenkenntnis hinzu, denn dann wird man deren Rat leichter vertrauen können.

H. Wie man aus Silber Gold macht
Kommunikation und Konfliktstile

1. Wie kommunizieren wir?

Wie wir mit anderen Menschen zu kommunizieren haben, lernen wir von klein auf, und damit auch die für unsere Kultur „richtigen" Umgangsformen für mündliche und schriftliche Verständigung genauso wie die Signale der Körpersprache und Gesten. Später kommen Gepflogenheiten im Geschäftsalltag oder Wissenschaftsbetrieb dazu.

- Worüber spricht man und worüber nicht?
- Kommuniziert man in bestimmten Zusammenhängen mündlich oder schriftlich?
- Wie äußert man Kritik, abweichende Meinungen, Unzufriedenheit?
- Spricht man nur zur Sache oder auch über allgemeine oder private Themen?

All dies lernen wir im Verlaufe unserer Sozialisation und es bildet sich unsere Vorstellung davon heraus, was angemessen, höflich oder auch einfach nur normal ist. Das bedeutet aber auch, dass wir normalerweise nur in „unserem" Kommunikationsstil geübt sind und auch bei bestem Willen nicht so ohne Weiteres auf einen anderen Stil umschalten können.

Zwischen Deutschen und Russen gibt es wieder einmal einige Punkte, in denen sich die Kulturen unterscheiden und zu denen wir Ihnen einige Empfehlungen geben möchten. Zunächst jedoch ein paar Worte darüber, was eigentlich vor sich geht, wenn ein Mensch mit einem anderen Menschen spricht.

1.1 Kommunikation mit vier Mündern und vier Ohren

Wenn wir mit anderen Menschen kommunizieren, begeben wir uns in eine Situation, die viel komplexer ist als uns normalerweise bewusst ist. Der Kommunikationspsychologe *Friedemann Schulz von Thun* stellt es so dar: Jede unserer Äußerungen sendet immer vier Signale gleichzeitig aus, die mit wechselnder Gewichtung in allem stecken, was wir sagen:

1. Es gibt einen sachlichen Inhalt,
2. wir stellen uns selbst dar,
3. wir übermitteln unsere Auffassung von der Beziehung zu dem Adressaten und
4. wir fordern den anderen mit einem Appell zum Handeln auf.

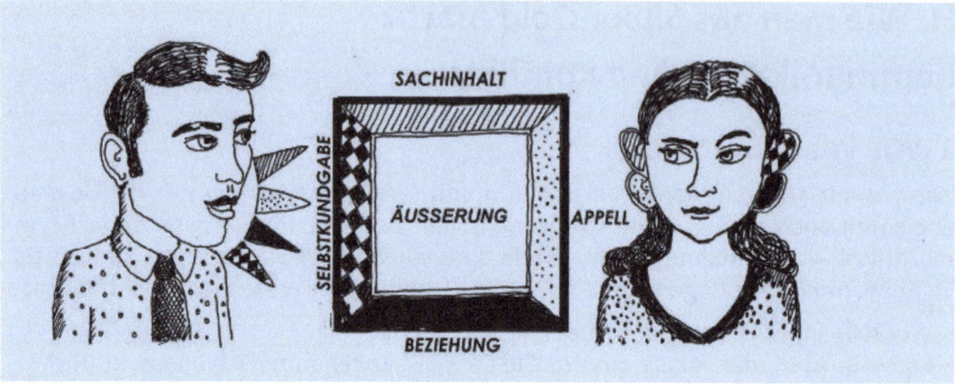

Abb. Kommunikationsmodell nach *Schulz von Thun*

Wir sprechen also mit vier „Mündern" gleichzeitig. Unser Gesprächspartner entschlüsselt unsere Botschaft dann mit seinen „4 Ohren", und je nachdem, ob unsere Intention von unserem Gegenüber in unserem Sinne interpretiert wird oder nicht, läuft die Sache glatt oder führt zu Problemen. Das kann schon passieren (und passiert auch ständig), wenn wir mit Menschen aus unserer eigenen Kultur sprechen, z. B. wenn eine Sachinformation als Appell aufgefasst wird und gleichzeitig eine Beziehungsdefinition wahrgenommen wird, die der Adressat ablehnt:

A: Mir ist kalt!
B: Mach das Fenster doch selbst zu, ich bin doch nicht Dein Dienstbote!
A: Was hast Du denn, ich habe doch nur gesagt, dass mich friert

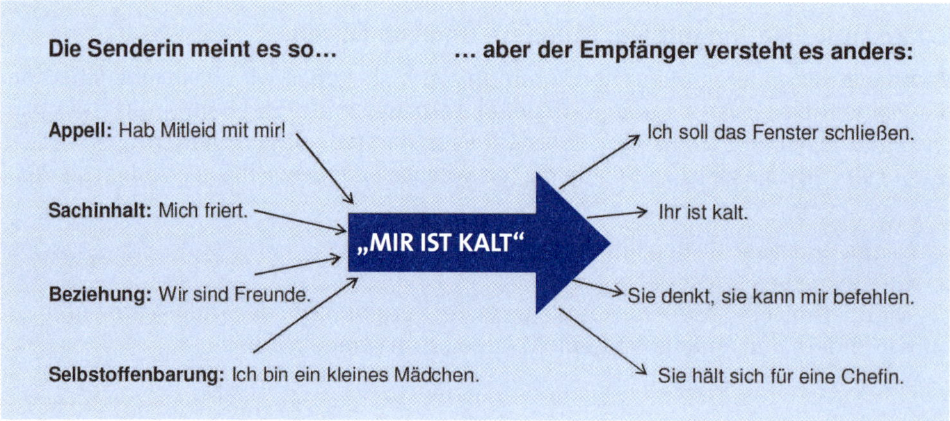

Abb. Kommunikationsmodell nach *Schulz von Thun*

Umso störungsanfälliger sind interkulturelle Interaktionen, denn in diesem Mund-und-Ohren-Modell spielen kulturelle Grundannahmen gleich an mehreren Stellen eine Rolle:

- Beziehungsaspekt: Machtdistanz, Maskulinität, polychrones/monochrones Lebensgefühl
- Selbstdarstellung: Individualismus/Kollektivismus, Unsicherheitsvermeidung
- Appell: Machtdistanz

1.2 Kommunikation: über und unter Wasser

Erinnern Sie sich an den Eisberg-Vergleich aus unserem Vorwort? Oberhalb der Wasseroberfläche haben wir die wahrnehmbaren Faktoren, wie Sprache, Gesten, Kleidung usw., unterhalb und deshalb unsichtbar finden sich die Grundannahmen, Normen und Werte einer Kultur. Jeder Mensch kommuniziert aus der Perspektive seines eigenen kulturellen Eisbergs, bezieht sich automatisch und meist unreflektiert auf das, was in seiner Kultur unter der Wasseroberfläche liegt. Stellen wir uns vor, dass die Eisberge verschiedener Kulturen durchs Meer treiben, so wird wie gesagt auch gleich klar, wo sie zusammenstoßen – nämlich unter der Oberfläche. Und schon kommt alles ins Wanken, Wellen entstehen und manchmal auch gefährliche Strudel, in denen die zerbrechlichen Schiffchen gemeinsamer Projekte zu kentern drohen.

In diesem Kapitel soll es deshalb um das Thema Kommunikation gehen – wahrlich ein weites Meer, und eins, auf dem Hindernisse, aber auch Werkzeuge ganz unterschiedlicher Art umhertreiben.

Beginnen wir mit der Oberfläche des Kultureisbergs und dem wichtigsten wahrnehmbaren Unterschied: der Sprache.

2. Die Sprache Russisch

Russisch gehört zu der großen Sprachfamilie der indoeuropäischen Sprachen, genauso wie die meisten anderen europäischen Sprachen. Das bedeutet, dass das Russische nicht so fremd ist, wie man vielleicht denken könnte. In seinen grammatischen Strukturen, seinem Vokabular und auch in seiner Aussprache weist es viele Gemeinsamkeiten mit anderen Sprachen auf. So werden Substantive dekliniert, Verben konjugiert, viele Wörter haben ähnliche Kerne. Und trotz einiger zusätzlicher Laute und einer eigenen Intonation gibt es nichts, was uns so fremd wäre wie die chinesische Methode, die Wortbedeutung von der Tonhöhe und Wortmelodie abhängig zu machen. Einige Beispiele für verwandte Wörter:

Deutsch	**Russisch**
Arbeit	Rabota
Dom (von lateinisch domus = Haus)	Dom (Haus)
Garten (ursprünglich: ein umzäuntes Stück Land)	Gorod (Stadt – früher von Mauern umgeben)
Milch	Moloko
Bart	Boroda

Abgesehen davon gibt es im Russischen mehr deutsche Lehnwörter als in sonst einer Sprache und zusätzlich reichlich Lehnwörter aus dem Englischen und Französischen, ganz abgesehen von den üblichen Internationalismen wie „kommunikazija“. Hier einige dieser „deutschrussischen“ Wörter:

buchgalter	jarmarka (Jahrmarkt, aber auch Messe)	schlagbaum	wachtjor (= Pförtner)
burgomistr	kartoffel	schtreikbrecher	weksel
feierwerk	kurort	schtuka (= Stück, Ding)	zech (= Betrieb, von Zeche)
gastarbaiter	landschaft	schtraf (= Geldstrafe)	zeitnot

Eine schöne Sammlung finden Sie in der „Liste deutscher Lehnwörter in anderen Sprachen“ bei Wikipedia[11)]. Unser Lieblingslehnwort ist aber natürlich: „Aisberg“!

2.1 Russisch lernen!

Trotz dieser vertrauten Wörter wird es schon eine ganze Weile dauern, bis man fließend sprechen und auf Russisch Verhandlungen führen kann. Dafür muss man ein paar Jahre ansetzen, und ohne einen gewissen Einsatz beim Vokabellernen und Grammatiküben wird es nicht gehen. Das sollte Sie aber nicht daran hindern, sich mit der Sprache auseinanderzusetzen, denn ein paar Ausdrücke, Höflichkeitsfloskeln und Nothelfer lassen sich schnell lernen. Wenn Sie vorhaben, länger in Russland tätig zu sein, ist es schon praktisch, nicht immer und in allen Situationen auf Dolmetscher angewiesen zu sein.

Und je eher Sie anfangen, Russisch zu lernen, umso eher werden Sie davon profitieren – und sei es nur, dass Ihr Engagement Ihre Geschäftspartner beeindruckt, die das überhaupt nicht von Ihnen erwarten und sich entsprechend darüber freuen werden.

11) Die Liste deutscher Lehnwörter finden Sie unter: **http://de.wikipedia.org/wiki/Liste_deutscher_W %C3 %B6rter_in_anderen_Sprachen**.

Die meisten Volkshochschulen und die üblichen Sprachschulen bieten auch Russischkurse an, das ist schon mal ein Anfang.[12] Einen Mini-Wortschatz für Dienstreisen finden Sie im Anhang. Damit Sie wenigstens ein paar Dinge gleich entziffern können, hier eine kleine Einführung in die kyrillische Schrift.

2.2 Kirilliza – die kyrillische Schrift[13]

Die kyrillische Schrift wurde im 10. Jahrhundert aus der glagolitischen Schrift entwickelt, die auf die beiden griechischen Mönche Kirill und Method zurückgeht. Daher gibt es einige Ähnlichkeiten mit dem griechischen Alphabet. Sie wurde zunächst für Inschriften auf Grabsteinen und religiöse Texte verwendet. Unter Peter dem Großen wurde sie grafisch den Lateinischen angepasst. Später bildete sich – auch durch einige Rechtschreibreformen – die heutige moderne Fassung des kyrillischen Alphabets heraus. Außer in Russland wird die kyrillische Schrift auch in einer Reihe von anderen Ländern verwendet, z. B. Bulgarien, Ukraine, Serbien. Auch innerhalb Russlands werden die Sprachen verschiedener Ethnien, die erst im Zuge der russischen Kolonialisierung (oder sowjetischen Vereinheitlichung) eine Schrift bekamen, mit kyrillischen Buchstaben geschrieben, z. B. Baschkirisch, Burjatisch, Uigurisch.

Heutiges Alphabet	Deutsche Umschrift	Ungefähre Aussprache
А	A	A
Б	B	B
В	W	W
Г	G	G
Д	D	D
Е	E	E (am Wortanfang je)
Ё	JO	Jo am Anfang des Wortes bzw. nach einem Vokal, sonst Ö in Goethe
Ж	SCH	wie das G in Orange
З	S	wie S in Sonne
И	I	I
Й	I	J
К	K	K
Л	L	L
М	M	M
Н	N	N

[12] Wenn Sie einen Intensivkurs besuchen wollen und bereit sind, wirklich hart zu arbeiten, können wir Ihnen das LSI in Bochum empfehlen, an dem sich auch Journalisten und Diplomaten auf Russland-Einsätze vorbereiten (**www.landesspracheninstitut-bochum.de**).

[13] Weitere Informationen hier: Sprechen Sie kyrillisch? **www.russian-online.net**; **http://de.wikipedia.org/wiki/Kyrillisches_Alphabet**.

Heutiges Alphabet	Deutsche Umschrift	Ungefähre Aussprache
О	O	O
П	P	P
Р	R	R
С	S oder SS	wie S in Strasse
Т	T	T
У	U	U
Ф	F	F
Х	CH	wie Ch in Dach
Ц	Z	Z
Ч	TSCH	tsch wie Chip
Ш	SCH	sch wie Schule
Щ	Schtsch	ein langes, gepresstes sch
Ъ	–	fügt ein deutliches J ein
Ы	Y	Ü ohne die Lippen zu spitzen
Ь	–	macht den Laut davor weicher
Э	E	E
Ю	JU	Ju (auch für deutsches Ü gebraucht)
Я	JA	Ja

Das kyrillische Alphabet finden Sie auch unter **www.kiehl.de/russenversteher** als Download.

Übung
Also, was heißt dann:[14)]

МЕТРО	КИНО	ТЕАТР	РЕСТОРАН	БАР
ШАШЛЫК	БАНАН	КОФЕ	ВИНО	САЛАТ
ФИЛЬМ	ОПЕРА	РЕЖИСЕР	КОМПОЗИТОР	АКТЕР
ШТРАФ	КУРОРТ	ВЕКСЕЛЬ	БУТЕРБРОТ	ЛАНДШАФТ

14) Die Auflösung finden Sie im Anhang auf S. 179.

3. Deutsch und Englisch in Russland

Und wie sieht es mit den Deutschkenntnissen Ihrer russischen Gesprächspartner aus? Durchaus lernen mehr Menschen in Russland Deutsch in der Schule als Russisch in Deutschland. Und so trifft man auch auf Menschen, die Deutsch sprechen, manchmal sehr gut. In diesem Fall wird Ihnen die Verständigung sehr viel leichter fallen, denn wer gut Deutsch kann, hat oft auch gute Kenntnisse über deutsche Gepflogenheiten und Verständnis für Ihre kulturellen Verständnisprobleme. Besonders in der mittleren Altersgruppe gibt es relativ viele Fachleute, die noch in der DDR studiert haben. Unter den jüngeren Managern haben mehrere Tausend an dem so genannten Präsidentenprogramm teilgenommen, einem bilateralen Weiterbildungsprogramm, das für viele auch ein Praktikum in deutschen Unternehmen einschloss.

Trotzdem: Gerade in der jungen Generation überwiegen die Englischkenntnisse. Die Älteren sprechen oft gar keine Fremdsprache auf einem Niveau, das eine echte Verständigung ermöglichen würde. Rechnen Sie also besser nicht von vornherein mit Deutschkenntnissen und freuen Sie sich umso mehr, wenn es bei Ihren Partnern doch anders aussieht.

Englisch kann oft als **Lingua franca** eingesetzt werden, zumindest bei jüngeren Gesprächspartnern und bei allgemeiner Korrespondenz zu organisatorischen Absprachen, Klärung von einfachen Fragen. Sehr gute, verhandlungssichere Englischkenntnisse trifft man nicht so oft an, noch nicht einmal unter Wissenschaftlern – trotz der Dominanz des Englischen als internationaler Wissenschaftssprache. Es kommt aber auch vor, dass die russische Seite Englisch besser als ihre deutsche Partner beherrscht, trotz des Schüleraustauschs mit England, der dem russischen Menschen noch vor kurzen völlig unmöglich war.

Deshalb empfehlen wir Ihnen für alle substantiellen Gespräche und Verhandlungen die Kommunikation mittels eines Dolmetschers, und zwar eines professionellen Dolmetschers.

4. Arbeit mit einem Dolmetscher

Auf jeden Fall sollten Sie für alle kommerziellen Verhandlungen, aber auch als Wissenschaftler für sprachliche Unterstützung sorgen und dies in Ihrem Projektbudget einkalkulieren. Denn es ist schade, wenn inhaltlich wertvolle Beiträge aufgrund mangelnder Ausdrucksfähigkeit nicht zum Zuge kommen und der sprachlich schwächere Partner nicht so kompetent erscheint. Außerdem kann es richtig gefährlich sein, wenn die Informationen durch Vereinfachung der Ausdrucksweise oder Verzerrung des Sinns verfälscht werden.

Das „Warmmachen“ am Anfang des Gesprächs sollte nach Möglichkeit direkt auf Englisch, Deutsch oder auch Russisch erfolgen, damit die Dynamik der Kommunikation durch das Übersetzen nicht gestört wird. Dabei ist es auch kein Problem, vom einführenden Small Talk auf Englisch auf das Gespräch mit Dolmetscher zu wechseln. Beide Seiten können sich dann ganz auf die Inhalte konzentrieren und müssen ihre Energie nicht auf das Suchen nach passenden Vokabeln und grammatischen Formen verschwenden.

Normalerweise werden Sie also viel mit Dolmetschern und Übersetzern arbeiten. Wir möchten Ihnen ans Herz legen: Bitte beachten Sie dabei die Besonderheiten der Arbeit mit Sprachmittlern! Dieser Beruf gehört nämlich – trotz seiner großen Bedeutung – zu den am wenigsten verstandenen und am meisten unterschätzten Berufen der Welt.

4.1 Kompetenz von Dolmetschern

Zunächst muss man verstehen, dass nicht jeder, der zwei Sprachen spricht, damit auch automatisch als Dolmetscher oder Übersetzer arbeiten kann. Es handelt sich um sehr spezifische Tätigkeiten, die man wie ein Handwerk erlernen und üben muss, und die spezielle Fertigkeiten und Kenntnisse erfordern. Dazu gehört z. B. ein trainiertes Gedächtnis, das es erlaubt, eine gewisse Menge gesprochener Äußerungen zu behalten, also gewissermaßen zwischenzuspeichern. Dazu gehört auch, dass man die Inhalte, um die es geht, versteht! Neben einer guten Allgemeinbildung muss ein Dolmetscher deshalb mindestens über Grundkenntnisse auf dem benötigten Fachgebiet verfügen und in beiden Sprachen das entsprechende Fachvokabular und den erforderlichen Sprachstil beherrschen – das hört sich banal an, wird aber erstaunlich oft nicht beachtet. Und schon wird eine russlanddeutsche Auszubildende, die zuhause nur umgangssprachliches Russisch spricht, für eine Vertragsverhandlung herangezogen und alle wundern sich, dass das nicht richtig funktioniert – und die arme Azubine steht auch noch als Versagerin da.

Viele professionelle Dolmetscher verfügen daher über eine Fachausbildung, z. B. als Ingenieurin oder Jurist, und zusätzlich über eine sprachliche Aus- oder Weiterbildung. Wenn Sie also einen Dolmetscher engagieren oder einen wichtigen Text zum Übersetzen gegeben, prüfen Sie bitte, ob dessen Ausbildung und Erfahrungshintergrund wirklich zu Ihrem Vorhaben passt.

4.2 Vorbereitung auf einen Einsatz

Aber auch der professionellste Dolmetscher muss und will sich auf einen Einsatz vorbereiten. Stellen Sie ihm also nach Möglichkeit (und meist ist es möglich!) rechtzeitig schriftliche Unterlagen zur Einarbeitung zur Verfügung. Bei wichtigen Verhandlungen ist zusätzlich ein Vorbereitungsgespräch sinnvoll, bei dem Sie den Dolmetscher über Ihre Ziele, Taktik und evtl. vorausgegangene Ereignisse informieren. Dies ist besonders wichtig, wenn der Dolmetscher zum ersten Mal mit Ihnen zusammenarbeitet. Wenn man sich erst besser kennt, genügt vielleicht auch eine telefonische Abstimmung.

Sie können dabei ganz offen sein, denn es gehört zum Berufsethos jedes Dolmetschers, Inhalte von Gesprächen und interne Informationen aller Art vertraulich zu behandeln – wer sich daran nicht hält, ist nicht lange im Geschäft.

Reibungslose Arbeit mit Dolmetschern – so geht's am besten[15)]

- Vorbereitung ermöglichen.
- Vorbesprechung durchführen.
- Beim Sprechen klar ausdrücken.
- Sprechpausen zum Dolmetschen machen.
- Für Verhandlungspausen sorgen.
- Essen ermöglichen.

Vermeiden (zumindest solange man sich nicht gut kennt):

- Sprach- und Wortspiele.
- Ironie.
- Doppeldeutigkeiten.

4.3 Was leistet ein guter Dolmetscher?

Gute Dolmetscher zeichnen sich aber nicht nur dadurch aus, dass sie einfach möglichst korrekt hin und her übersetzen. Sie tun viel mehr: Sie tragen wesentlich dazu bei, dass zwischen Ihnen und Ihren Verhandlungspartnern die Chemie stimmt, sie glätten auch mal die eine oder andere ungeschickte Formulierung und helfen Ihnen, die eine oder andere Klippe zu umschiffen. Dazu muss aber der Dolmetscher den Hintergrund und die Vorgeschichte der Verhandlung gut genug kennen. Dann kann er Ihnen auch in der Verhandlungspause oder nach dem Gespräch bei der Interpretation des Gesagten helfen und auch das noch übersetzen, was gar nicht gesagt wurde, was zwischen den Zeilen stand oder durch die Blume ausgedrückt wurde. Warum gerade das so wichtig ist, werden wir später noch sehen.

Ideal ist es, wenn Dolmetscher auch eine interkulturelle Ausbildung haben oder wenigstens ein Verständnis für kulturbedingt unterschiedliche Einstellungen, Traditionen und Denkweisen. Solche Dolmetscher können Ihnen dann einiges erklären, was Ihnen am Verhalten Ihrer Gesprächspartner rätselhaft erscheint. Sie auf das hinweisen, was Sie selbst an unterschwelligen Stimmungen oder Störungen gar nicht wahrgenommen haben.

4.4 Schriftliche Übersetzungen

Auch bei schriftlichen Übersetzungen sollten Sie genau darauf achten, wem Sie einen Auftrag geben. Geht es um einen Text, der später möglicherweise eine Rolle in einer Verhandlung spielen wird, ist es sinnvoll, wenn der spätere Dolmetscher auch den Text

15) Weitere Hinweise für die Arbeit mit Dolmetschern, einschließlich Allgemeiner Geschäftsbedingungen auf der Website des Bundesverbandes der Dolmetscher und Übersetzer (BDÜ): **www.bdue.de**.

übersetzt. Dies ist einerseits eine gute Vorbereitung, andererseits stellt man so sicher, dass der Sprachgebrauch zwischen Text und Verhandlung nicht variiert. Denn solche Abweichungen erschweren die Verständigung und können zu Missverständnissen führen.

Wenn Sie eine Ergänzung zu einem bestehenden Text zum Übersetzen geben (z. B. einen neuen Abschnitt Ihrer Website), muss der Übersetzer unbedingt auch den bereits vorhandenen Text bekommen, um sich im Sprachgebrauch an diesen anpassen zu können. Denn es gibt meistens mehrere völlig korrekte Möglichkeiten, einen Sachverhalt auszudrücken und es wirkt eigenartig, wenn es auf Ihrer Website oder in einer Broschüre ein stilistisches und terminologisches Durcheinander gibt oder gar mehrere Varianten Ihres Firmenmottos auftauchen. Auch bei wissenschaftlichen Texten ist dies sehr wichtig. Deshalb muss jeder Text, der nicht nur für den Hausgebrauch gedacht ist, von einem Profi übersetzt und am besten auch noch von einem weiteren Muttersprachler korrekturgelesen werden.

4.5 Simultandolmetschen

Alles bisher Gesagte gilt für die häufigste Form des Dolmetschens, das **Konsekutivdolmetschen**, bei dem alle an einem Tisch sitzen und abwechselnd Sie und der Dolmetscher sprechen. Hier noch ein paar Worte zum **Simultandolmetschen**, das von vielen als Nonplusultra angesehen wird. Dabei sitzt der Dolmetscher in einer Kabine, der Redner spricht in ein Mikrofon, der Dolmetscher übersetzt das Gesagte fortlaufend fast gleichzeitig und das Publikum hört dem Dolmetscher über Kopfhörer zu. Auf den ersten Blick scheint das tatsächlich die beste Art des Dolmetschens zu sein: Kaum Zeitverlust, der Sprecher muss keine Pausen machen.

Das Problem: Das Simultandolmetschen ist sehr störungsanfällig. Sehr viel hängt an der Qualität des Redners, denn auch der beste Dolmetscher kann nicht richtig übersetzen, wenn der Redner undeutlich oder zu schnell spricht – was oft genug zum Ende eines Vortrags passiert, wenn der Redner unter Zeitdruck gerät. Dann werden Zahlen und Daten heruntergerattert, Schachtelsätze gebaut, deren Sinn sich erst ganz am Ende erschließt, oder improvisiert und gedanklich hin und her gesprungen. Glauben Sie es uns: Solche Probleme tauchen bei fast jeder simultan gedolmetschten Veranstaltung zumindest zeitweise auf. Zusätzlich ist das Ganze auch recht teuer, denn neben der technischen Ausrüstung (Kabine, Übertragungstechnik, Kopfhörer) müssen immer zwei Dolmetscher engagiert werden, die sich alle 20 Minuten abwechseln, denn die erforderliche Konzentration hält man nicht länger durch.

Daher ist das Simultandolmetschen nur für Konferenzen und Vortragsveranstaltungen geeignet, bei denen man mit vorbereiteten Redebeiträgen arbeitet. Auch in diesem Fall ist eine solide Vorbereitung erforderlich, die Dolmetscher brauchen die Skripte der Redner und die Redner müssen auf die besondere Situation des Simultandolmetschens eingestellt sein.

5. Sprache und Kontext

Bisher haben wir uns mit eher praktischen, wenn nicht gar technischen Aspekten von Sprache und Kommunikation beschäftigt und haben festgestellt, dass es selbst an der Oberfläche von Eisbergen einiges zu entdecken gibt. Nun begeben wir uns in den Grenzbereich der Wasseroberfläche und sehen uns an, wie die Verbindungen zwischen Oberfläche und Unterwasserwelt aussehen.

Gleichgültig, in welcher Sprache wir uns unterhalten, wir beziehen uns immer in irgendeiner Weise auf das, was uns umgibt und was uns – im Idealfall – mit unserem Gesprächspartner verbindet. Das kann allgemein akzeptiertes Wissen sein oder kulturelle Normen, aber auch ein gemeinsames Verständnis für die Situation, in der wir uns gemeinsam befinden, unsere gemeinsame Geschichte und vieles andere.

5.1 Kontextbezug als Kulturdimension

Die Art und Weise, wie wir auf den Kontext einer Kommunikation Bezug nehmen, hat *Edward Hall* als Kulturdimension identifiziert. Er meint damit die Frage, ob wir eher voraussetzen, dass jemand die wesentlichen Faktoren einer Situation genauso wahrnimmt wie wir (High Context) oder wir ihm oder ihr alles explizit erklären müssen (Low Context). Anders ausgedrückt – wir können mehr oder weniger direkt kommunizieren, es unserem Gegenüber mehr oder weniger zutrauen/zumuten, zwischen den Zeilen zu lesen, zu verstehen, was wir meinen, auch ohne es direkt auszusprechen. Nebenbei gesagt ist es dieser Kontext, der Übersetzungsprogrammen trotz jahrzehntelanger Entwicklung immer noch die größten Schwierigkeiten bereitet. Wenn wir uns in unseren Äußerungen auf den Kontext beziehen, machen wir uns das Leben und die Verständigung leichter – wir müssen nicht jedes Mal explizit alles beschreiben, sondern können mit Kurzfassungen arbeiten.

Wie gesagt, wir alle lernen unsere Art zu kommunizieren von klein auf. Von daher ist es klar, dass es schwierig werden kann, wenn Menschen mit unterschiedlichen Kommunikationsweisen miteinander zurechtkommen müssen. Was für den einen wünschenswerte Klarheit sein mag, kann für den anderen beleidigend sein.

5.2 Die Kulturdimension High Context/Low Context

Kommunikation im Modus des **High Context** (HC) setzt voraus, dass der Gesprächspartner den Kontext ebenso kennt und interpretiert wie wir, dass also seine „Ohren" auf derselben Wellenlänge empfangen, auf der unsere „Münder" senden. Es kann sich z. B. um eine Unterhaltung zweier Freunde über gemeinsame Bekannte handeln: Man muss nicht alles aussprechen, erklären, begründen – einige Andeutungen genügen und der Andere kann sich das Verhalten dieser Bekannten schon vorstellen. Solche HC-Äußerungen sind typisch für Menschen, die sehr vertraut miteinander sind: Familien, Freunde, Kollegen, Vereinsmitglieder, Parteigenossen usw.

High Context (HC) bedeutet, dass der Kontext einer Kommunikation einen hohen Stellenwert hat. Der Sinn liegt dabei zu einem großen Teil nicht in dem Gesagten selbst, sondern in der Situation, der gemeinsamen Erfahrung der Sprecher, in dem, was man gemeinsam für selbstverständlich hält.

Die Bedeutung einer **Low Context**-Äußerung (LC) liegt dagegen überwiegend im Gesagten selbst, alles oder fast alles wird explizit ausgesprochen, erklärt, definiert. Der Kontext hat also entsprechend nur einen niedrigen Stellenwert.

Solche Äußerungen sind z. B. Handlungsanweisungen, wissenschaftliche Vorträge, Schulungen. LC-Äußerungen haben den Vorteil, dass man sie quasi sofort „verbrauchen" kann, denn sie enthalten alle Informationen, die zum Verständnis gebraucht werden. Deshalb ist diese Art der Kommunikation manchmal umständlich und lang (-weilig), kann aber auf neue Situationen flexibel angepasst werden, denn man beschreibt ja sowieso alles immer genau.

HC-Äußerungen dagegen sind kurz und effizient, man braucht jedoch Hintergrundwissen und muss meist zu einer bestimmten Gruppe von Menschen gehören, um sie zu verstehen, sodass man eine gewisse Vorbereitungszeit braucht, um sie produzieren zu können und sie zu verstehen. Deshalb ist dieses Kommunikationssystem konservativer und langlebiger.

5.3 Deutsche Low Context-Kultur

In jeder Kultur kommen beide Arten des Kontextbezugs vor und werden situationsabhängig eingesetzt. So ist z. B. die Kommunikation zwischen Fremden stärker LC als zwischen Menschen, die sich schon länger kennen.

	LC-Kommunikation	HC-Kommunikation
Mündlich	► Arbeitsaufträge/Erläuterungen zu einer Aufgabe ► Warnung vor Gefahren ► Vorträge und Gespräche im Unterricht/in einer Schulung	► Gespräche unter Verwandten/Freunden/Kollegen ► Tischreden zu Jubiläen, Geburtstagen usw. ► „Geheimsprache" von Liebespaaren
Schriftlich	► Gebrauchsanweisungen ► Lehrbücher ► Gesetzestexte	► Private Briefe, Emails, SMS ► Satiren und Glossen ► Gedichte

Aber *Hall* hat durch langjährige Feldstudien, Beobachtung und Analyse herausgefunden, dass darüber hinaus unterschiedliche Kulturen insgesamt zu dem einen oder anderen Ende der Skala tendieren. So zählt er z. B. die japanische Kultur zu den ausgeprägten HC-Kulturen, die deutsche zu den am deutlichsten LC-geprägten. Dies bedeutet, dass es allgemein unter Deutschen üblich ist, sich möglichst klar und eindeutig zu äußern, auszusprechen, was man will, was man meint, was man fühlt. Jemand, der sich undeutlich und indirekt äußert, der „um den heißen Brei herumredet", gilt als schwach und möglicherweise unzuverlässig, wird nicht so sehr respektiert und wer nicht direkt sagt, was er meint, kann sogar als hinterhältig eingestuft werden.

Hall gibt deshalb Amerikanern diese Ratschläge für die Kommunikation mit deutschen Geschäftspartnern:

„Im Allgemeinen geben Deutsche viel mehr Information, als die meisten Menschen aus anderen Kulturen brauchen. [...] Die Deutschen schätzen Ehrlichkeit und Direktheit und sie lieben Beispiele. Der Ausdruck „zum Beispiel" wird häufig gebraucht. Sie mögen auch Fakten, Fakten und noch mehr Fakten, und sie mögen Sachtexte, ebenso wie Zahlen. Sie lieben Projektionen für zukünftige Ereignisse und Tabellen. Die Zahlen müssen allerdings genau sein, um ihre Glaubwürdigkeit zu wahren. Stellen Sie Ihre Fakten geordnet und logisch dar. [...] Geben Sie ihnen alle Informationen, die Sie haben, und dann noch ein paar mehr. Deutsche haben oft das Gefühl, dass ihnen Ausländer nur lückenhafte Informationen geben, die wichtige Details auslassen". (*Hall*)

Ansätze zur Erklärung der Entstehung der verschiedenen Kommunikationsstile bietet *Hall* nicht. Man mag spekulieren, ob bestimmte historische Konstellationen zu der deutschen *Low Context* Kultur geführt haben. Vielleicht hat z. B. die Herrschaftsform der frühen deutschen Kaiser dazu beigetragen, die mit ihrem Hofstaat im Land umherzogen und deren Höflinge den lokalen Untertanen sehr direkte Anweisungen geben mussten, um alles zu organisieren. Diese Kaiser konnten nicht wie in Frankreich auf eine etablierte Hofgesellschaft zurückgreifen, die sich untereinander kannte und bei der ein paar Andeutungen reichten, um sich verständlich zu machen. Oder hat es etwas mit der römischen Besatzung, der Völkerwanderung und später den Kleinstaaten zu tun? Dadurch blieb die Situation in dieser Region ständig in Bewegung und es konnte sich keine gemeinsame Verständnisbasis herausbilden. In anderen LC-Kulturen gibt es wahrscheinlich wieder andere Gründe, die man sich vorstellen kann, z. B. in den USA die Notwendigkeit, das Zusammenleben von Vertretern verschiedener Völker zu ermöglichen.

Beispiel

Das klassische Beispiel für die Schwierigkeiten zwischen High Context und Low Context ist „der hungrige Gast“: Wird einem Gast in Deutschland etwas zu essen oder zu trinken angeboten, sagt er besser gleich ja, denn das Angebot wird meist nicht mehr als einmal wiederholt. Die Gastgeber fassen dieses Gespräch als Austausch von Informationen auf – hat der Gast nun Hunger oder nicht? In anderen Kulturen ist es dagegen üblich, dass der Gast das Angebot erst hartnäckig ablehnt, um dann nach mehrmaligem Nachfragen und Drängen des Gastgebers endlich einer Bewirtung zuzustimmen. Hier ist es mehr ein Spiel, bei dem der Gast seine Bescheidenheit und der Gastgeber seine Gastfreundschaft demonstrieren kann. Natürlich kennen beide Seiten die Spielregeln und der Gastgeber weiß, dass der Gast nicht wirklich satt ist. Beide Seiten beziehen sich in ihren sprachlichen Äußerungen auf diese Regeln, ohne sie direkt zu benennen. Die deutschen Gastgeber kennen diese Regeln aber meist nicht! So kann es schnell passieren, dass Gäste aus **High Context** Kulturen in Deutschland mit knurrendem Magen nach Hause gehen, und dass deutsche Gastgeber enttäuscht sind, weil ihr Gast ihre vorbereiteten Speisen nicht wollte.

5.4 High und Low Context in Russland

Ein solcher „hungriger Gast“ kann leicht aus Russland kommen, denn Russland gehört zu den Ländern mit einer Tendenz zu indirekter HC-Kommunikation.

Wie direkt oder indirekt man sich in der russischen Kultur äußert, hängt stärker als in Deutschland von den Inhalten und den sozialen Beziehungen der beteiligten Personen ab.

Neutrale Informationen und positive Inhalte werden relativ direkt im LC-Modus geäußert, während Kritik und negative Inhalte – wenn überhaupt – eher vorsichtig, verschwommen und in Andeutungen geäußert werden. Dies gilt vor allem dann, wenn es um Gespräche unter Gleichen geht (Freunde, Kollegen usw.) oder wenn es sich um eine Kommunikation von unten nach oben in einer hierarchischen Konstellation handelt. Anders herum geht es ganz anders zur Sache. Wie wir im Kapitel C gesehen haben, führt die hohe Machtdistanz dazu, dass von oben nach unten alles sehr deutlich und unverschleiert geäußert wird, seien es nun Anweisungen, Lob oder Kritik.

Low Context kann auf Russen unhöflich wirken
Hier zeigen sich dann auch die wesentlichen Knackpunkte, die sich in der Kommunikation zwischen Deutschen (aus einer **Low Context**-Kultur) und Russen (aus einer **High Context**-Kultur) ergeben können. Besonders schwierig wird es, wenn der Inhalt, der kommuniziert wird, heikel und vielleicht sogar kritisch ist. Dann wird die LC-Klarheit in den Augen des Gegenübers unter Umständen zur groben Unhöflichkeit und wirkt verletzend. Deutsche unterscheiden sowieso stärker zwischen Sachinhalten und Personen (wir denken an die personenunabhängigen Kartons auf dem Zeitfließband). Die LC-Kultur erlaubt es zusätzlich, z. B. Kritik nur auf das zu richten, über das man gerade spricht, also etwa ein fehlerhaftes Arbeitsergebnis, unabhängig von der persönlichen Beziehung.

Der stärker auf Zwischentöne geeichte Russe nimmt kritische Worte eines deutschen Kollegen dagegen persönlich, denn er macht eine solche Trennung nicht und vermutet hinter der Kritik an seiner Arbeit eine grundsätzliche Abwertung seiner Person. Er liest also etwas zwischen den Zeilen, was dort möglicherweise gar nicht steht. Andersherum versteht der deutsche Kollege vielleicht die indirekten Unzufriedenheitssignale seines russischen Gegenübers nicht und ist verwirrt und verärgert, wenn es mit dem gemeinsamen Projekt nicht so richtig vorangehen will. Wenn der Deutsche den Russen dann für wischi-waschi hält („Der kommt ja nie damit raus, was er eigentlich will.") und der Russe den Deutschen für unsensibel („Ja merkt der denn nicht, dass es so nicht geht?"), sind wir unversehens aus der Verständigung in einen Konflikt gerutscht. Und die Beteiligten selbst können das Problem nicht orten, merken nur, da stimmt etwas nicht.

Es geht dabei nicht darum, das eine oder andere System negativ zu bewerten. Beide funktionieren auf ihre Art wunderbar, solange sich alle Beteiligten daran halten. Es ist ein bisschen so wie bei Sprachen – niemand könnte sagen, dass Italienisch eine bessere Sprache als Tschechisch wäre, aber ein Tscheche muss in Italien eben italienisch sprechen, um wirklich gut verstanden zu werden. Ebenso müssen wir LC-Muttersprachler in anderen Ländern die HC-Sprache lernen, um zurechtzukommen. Wenn man also längerfristig und erfolgreich mit russischen Partnern zusammenarbeiten will, kommt man nicht umhin, die eigenen Antennen für Zwischentöne und indirekte Signale etwas zu tunen und weiter auszufahren. Das ist eher eine Frage des Bewusstseins und der inneren Einstellung als das Erlernen einer komplett neuen Fertigkeit, denn wie gesagt kommen HC-Äußerungen in jeder Kultur vor. Wir beherrschen also alle das Decodieren solcher Signale, nur müssen wir uns daran gewöhnen, diese Fertigkeit in Situationen einzusetzen, in der wir das normalerweise nicht tun.

5.5 Decodieren von High Context-Signalen

Zunächst geht es um das Verstehen von HC-Signalen. Das kann z. B. kompliziert sein, wenn es um die Bewertung von Dienstleistungen geht, wie sie mit Fragebögen, in Kundeninterviews oder Abschlussbesprechungen nach Veranstaltungen heute vielfach durchgeführt werden. Hier können verschiedene Kulturdimensionen eine Rolle spielen, und dies kann manchmal zu verwirrenden Ergebnissen führen: Machtdistanz, Kollektivismus und eben HC.

5.6 Machtdistanz in der Kommunikation

Je nachdem, wie die Befragten ihre Beziehung zu dem Dienstleister im Hinblick auf Machtdistanz definieren, können die Ergebnisse ganz unterschiedlich ausfallen: Steht die Kunden-Lieferanten-Beziehung im Vordergrund, ergibt sich eine große Machtdistanz zugunsten des Kunden. In diesem Fall wird die Beurteilung recht offen und kritisch sein und vielleicht sogar betont negativ ausfallen. Der Kunde bekräftigt so seine Dominanz und legt vielleicht sogar schon die Basis für die nächste Preisdiskussion.

Der Vorteil für den Leistungserbringer ist, dass man ziemlich genau weiß, woran man ist, und konkrete Hinweise für seine Qualitätsentwicklung ableiten kann (wenn man die offenkundig übertriebenen oder unrealistischen Verbesserungswünsche „abzieht"). Machtdistanz kann auch dazu führen, dass es in einer Gruppe nur eine Bewertung gibt, nämlich die der Führungsfigur, egal, wie viele Bewertungsbögen man austeilt.

5.7 Kollektivismus in der Kommunikation

Ein ähnliches Phänomen, wenn auch mit anderem Hintergrund, kann in einer hierarchisch homogenen Gruppe auftreten, die sich als Team gut versteht – auch dann spricht die Gruppe mit einer Stimme, wobei die dazu nötigen Abstimmungsprozesse unsichtbar und unhörbar im Hintergrund ablaufen. Hier ist der kulturelle Hintergrund dann der Kollektivismus.

5.8 High Context in aller Freundschaft

Sind die Beziehungen zwischen Kunden und Dienstleister dagegen eher freundschaftlich oder kollegial, wird jede Bewertung sehr wohlwollend ausfallen. Zwar ist schon eine größere Direktheit zu beobachten als noch vor 10 Jahren, Kritik wird jedoch meist – wenn überhaupt – äußerst vorsichtig und indirekt ausgedrückt.

Wer herausfinden will, was diese Kunden tatsächlich über die Leistung denken, muss sich schon darin üben, zwischen den Zeilen zu lesen und Signale zu verstehen: Es kann z. B. sein, dass einige Randelemente der Leistung überschwänglich gelobt und die Kernelemente gar nicht erwähnt werden. In diesem Fall sollten schon bei Ihnen die Alarmglocken klingeln, und Sie sollten versuchen, der Sache auf den Grund zu gehen, am besten auf indirekten Wegen. Man kann hierfür den Dolmetscher oder eine andere russische Person einspannen, dem gegenüber meist eine größere Offenheit gezeigt wird. Auch indirekte Fragen können etwas Bewegung in die Diskussion bringen und „echte" Informationen hervorlocken, z. B. „Welche Tipps würden Sie uns für die Arbeit mit anderen Kunden geben?"

Grundsätzlich empfehlen wir Ihnen, immer verschiedene Feedback-Methoden zu kombinieren und vor allem, Schlüsse nicht nur aus den Worten, sondern auch aus dem Verhalten zu ziehen.

HC-Äußerungen zu verstehen, lässt sich mit etwas Übung, Erfahrung und vor allem bewusster Offenheit für Zwischentöne auch in ungewohnten Zusammenhängen bewältigen, wird allerdings für LC-geprägte Deutsche immer eine gewisse Herausforderung bleiben.

5.9 Verschlüsseln von Botschaften

Das gilt ganz genauso auch für die andere Seite der Kommunikation: das Formulieren von HC-Äußerungen. Auch das will gelernt sein, besonders, wenn es um das Formulieren von Kritik geht.

Hier gibt es ein wichtiges Prinzip, das vielleicht nicht immer, aber in vielen Fällen hilft: Aus negativ mach positiv!

Das bedeutet zunächst, dass man auf jeden Fall zuerst etwas Positives über die Leistung, den Beitrag, das Arbeitsergebnis des Kollegen sagt und seine Kritikpunkt auf dieser Basis als Vorschlag zur Weiterentwicklung des Gedankengangs formuliert. Geht es um Vorgänge, die sich zukünftig wiederholen werden, kann man auch zeitlich versetzt vor dem nächsten Durchgang einen Verbesserungsvorschlag machen oder die Bitte äußern, diesmal noch stärker auf dieses oder jenes zu achten. Dann wird es nicht als Kritikpunkt aufgefasst oder Ihr Gegenüber kann wenigstens sein Gesicht wahren.

Beispiel

Andrea: Für eine chinesische Kundin hatte ich ein Programm für eine Study Tour erarbeitet. Sie schrieb mir daraufhin eine lange Email: Das erste Drittel bestand nur aus überschwänglichem Dank und Begeisterung für das tolle Programm, danach folgten „ein paar Vorschläge", wie das Ganze noch weiter zu vervollkommnen wäre. Im Ergebnis blieb von meinem Entwurf fast nichts übrig, es lief auf ein komplett anderes Programm hinaus! Ich fasste mir ein Herz und schrieb ebenso zurück: Ich dankte ihr ausführlich für die hervorragenden Anregungen und teilte ihr die „neuen Ideen" mit, die diese bei mir erzeugt hätten – womit ich de facto ungefähr die Hälfte ihrer Vorstellungen ablehnte. Es war zwar etwas umständlich, aber nach einigen Mails hin und her hatten wir auf diese Weise ein Programm abgestimmt, das beiden Seiten gefiel, und zwar ohne dass eine von uns sich eine direkte Kritik anhören musste.

Ganz so extrem wie in diesem Beispiel mit einer Chinesin muss es im Umgang mit russischen Kunden oder Kollegen nicht laufen, aber der Punkt ist: Man kann von den indirekten Äußerungen der anderen Seite lernen, die man zu dechiffrieren gelernt hat. Wie man Gemeinsamkeiten hervorhebt, alles lobt, was sich nur loben lässt, Empfehlungen, Vorschläge zur Optimierung und zu einer noch besseren Zusammenarbeit formuliert. Auf diese Weise kann man einigermaßen sicher sein, dass man den richtigen Ton trifft.

5.10 High Context/Low Context ist Übungssache

Letzten Endes ist dieser LC/HC-Unterschied etwas, das mit Hintergrundkenntnissen und Analyse von Kulturdimensionen allein nicht zu bewältigen ist. Hier geht es um Fertigkeiten, die trainiert werden müssen. Das kann man am besten dadurch tun, dass man kritische Botschaften bewusst indirekt verpackt und formuliert.

Übung
„Übersetzen" Sie bitte folgende Low Context-Aussagen in High Context:[16)]

- Ich habe Hunger!
- Das Hotel taugt nichts.
- Diesen Termin schaffen wir nie.
- Dazu habe ich überhaupt keine Lust!
- Wie lange wollen Sie hierbleiben?
- Mit dieser Arbeitsaufteilung bin ich nicht einverstanden.
- In diesem Text sind zu viele Fehler.

Nur noch einmal zur Erinnerung: All das gilt bei Interaktionen auf gleicher Ebene oder von unten nach oben im Fall von hierarchischen Beziehungen. Kommunizieren Sie von oben nach unten, können Sie im Wesentlichen direkt sein. Trotzdem sollten Sie immer darauf achten, dass Sie die persönlichen Beziehungen nicht beschädigen.

6. Vorteile und Chancen

Praktisch alle anderen Kulturen der Welt (außer den Schweizern) sind stärker HC als wir, also kommt niemand, der international erfolgreich sein will, so ganz darum herum, sich mit dieser Kulturdimension zu befassen. Oder anders gesagt: Was Sie für Russland lernen, können Sie überall sonst auch einsetzen.

Und ein bisschen **High Context** tut auch unseren persönlichen Beziehungen im eigenen Land gut. Auch in Deutschland ist nicht in jeder Situation das direkte Wort wirklich so ganz zielführend. Eine gewisse rhetorische Geschmeidigkeit kann unser Repertoire erweitern und manche kritische Situation diplomatisch entschärfen. Für die Anhänger der HC-Kommunikation kann dagegen das eine oder andere klarere Wort helfen, ein realistischeres Feedback zu bekommen und daraus auch Chancen für die eigene Entwicklung zu generieren.

---

16) Einige Lösungsmöglichkeiten finden Sie im Anhang auf S. 179.

Von den Tiefen der unterschiedlichen Kommunikations- und Ausdrucksweisen tauchen wir nun wieder an die Oberfläche auf und geben Ihnen einige ganz praktische Hinweise für die Verständigung im Alltag Ihrer Zusammenarbeit mit Ihren russischen Partnern.

7. Bürokommunikation

Dies ist mal ein Thema, das keine großen Schwierigkeiten macht! In Russland sind alle Formen aktueller Bürokommunikation mittlerweile üblich und werden intensiv genutzt. Die Zeiten, in denen Faxgeräte irgendwo eingeschlossen waren und nur der Chef den Schlüssel hatte, sind definitiv vorbei. Vom Smartphone über Videokonferenzen, von Facebook über Skype ist alles vertreten, was technisch und finanziell machbar ist.

7.1 Tempo, Tempo!

Wichtig ist bei allen Formen der Kommunikation vor allem das Tempo, man wartet in Russland nicht gern auf Antworten, zumal man meist selbst unter Druck steht, ein schnelles Ergebnis zu produzieren.

Deshalb bitte auf Fragen, Vorschläge, Bitten schnell reagieren, zumindest mit einer kurzen Zwischennachricht, Gegenfrage, Teilantwort:

> Hauptsache, die Kommunikation bleibt im Fluss.

Dabei sind nach Sprachkenntnissen der Beteiligten mehrere Varianten möglich: Alles auf Englisch, ganz auf Russisch oder Deutsch oder – auch nicht schlecht – jeder in der Sprache, die er am besten kann. Thematisieren Sie diese Frage zu Anfang einer Geschäftsbeziehung und sparen Sie sich und Ihren Partnern Zeit und Mühe.

7.2 Formell oder informell?

Gefühlsmäßig liegt in Russland das Schwergewicht sicher auf der informellen Kommunikation, mit der man leichter den persönlichen Kontakt pflegen, Schwierigkeiten vermeiden oder aus dem Weg räumen kann. Gleichzeitig wird es aber vor dem Hintergrund der Unsicherheitsvermeidung durchaus gern gesehen, wenn wesentliche Absprachen oder Informationen „zur Sicherheit" schriftlich bestätigt werden. Oder man schreibt eine Email und ruft kurz vorher an und erklärt den Hintergrund des Schreibens oder stimmt ab, wer eine Kopie bekommt. Diese Doppelstrategie wird niemanden beleidigen, und man wird auch nicht als übertrieben formalistisch eingestuft werden. Übrigens kann ein zu umfangreicher „cc"-Verteiler die Partner nervös machen, daher ist es manchmal besser, interne Empfänger als „bcc" einzubeziehen.

Zumal Russen selbst auch sehr formalistisch sein können: Der Kontrast zwischen dem Ton einer Email und eines offiziellen Schreibens von derselben Person kann frappierend sein. Zwar gibt es auch im deutschen Geschäftsleben derartige Unterschiede, aber das „Gefälle" erscheint doch nicht ganz so steil. Lassen Sie sich nicht irritieren, es gibt wahrscheinlich einen Grund für den strengen oder würdevollen Stil, z. B. weil eine höhere Instanz unterschreibt oder liest oder einer internen, formalen Anforderung Genüge getan werden muss. Deshalb kann es dann auch sinnvoll sein, wichtige Schreiben zweisprachig zu erstellen oder zumindest mit einer Übersetzung zu versehen, um der Korrespondenz das richtige Gewicht zu verleihen.

Übrigens: Auch hier wird in Russland oft eine weniger strenge Grenze zwischen privater und beruflicher Sphäre gezogen.

Beispiel

Ein deutscher Projektmanager war schockiert, dass ihm seine Moskauer Kollegin ein wichtiges Protokoll parallel an seine Büro- und Privatadresse schickte (zumal es im Unternehmen strenge Regeln zur vertraulichen Behandlung von Dokumenten gab). Er hatte ihr seine private Mailadresse nur gegeben, damit man mal Urlaubsfotos austauschen konnte. Sie wiederum verstand die Aufregung nicht – sie wollte doch nur sichergehen, dass er das wichtige Dokument auch bestimmt bekam.

Dazu passt auch, dass manche Mitarbeiter von Hochschulen, Verwaltungen oder kleineren Unternehmen überhaupt ihre Korrespondenz von ihrer privaten Mailadresse aus führen oder mal so, mal so. Es deutet also meistens nicht auf mangelnde Seriosität hin, sondern nur auf den fließenden Übergang zwischen Beruf und Privatleben.

7.3 Korrespondenz

Russische Geschäftsbriefe weisen eine andere Formatierung auf als deutsche, aber wir meinen, dass Sie sich nicht dem russischen Format anpassen müssen. Es ist doch schöner, wenn ein Brief „echt" ausländisch aussieht und so einen Hauch von Exotik enthält.[17)]

Bitte beachten Sie bei der Erstellung geschäftlicher Dokumente:

- Sie brauchen einen runden Stempel, wie ein Behördensiegel, besonders für Verträge.
- Bitte alle offiziellen Dokumente mit blauer Tinte unterschreiben.
- Austausch von gescannten Versionen (wegen der Schnelligkeit), hinterher Austausch der Originale (zur Befriedigung interner und externer Bürokratie).

17) Einige Beispiele zu russischen Geschäftsbriefen finden Sie unter **www.kiehl.de/russenversteher.**

7.4 Am Telefon

Beim Telefonieren gibt es große Unterschiede innerhalb des Landes. In den russischen Großunternehmen nehmen im Allgemeinen gut ausgebildete Mitarbeiter Anrufe ebenso professionell entgegen, wie es heute internationaler Standard ist, inklusive automatischer Vermittlungssysteme und Pausenmusik. In der Provinz, bei Behörden oder Hochschulen kann es dagegen passieren, dass nur ein barsches „Slushaju!“ (ich höre) in den Hörer gebellt wird und es dann ohne Russischkenntnisse schwierig wird. Versuchen Sie es damit, einfach laut und deutlich den Namen Ihres gewünschten Gesprächspartners zu sagen, vielleicht klappt das. Es ist jedenfalls meist nicht nötig, sich einer Dame an der Rezeption einer größeren Organisation ausführlich vorzustellen und Ihren Anruf zu begründen. Sie wird Sie sowieso nur in die gewünschte Abteilung durchstellen. Dort wird Sie der Mitarbeiter zu Ihrem Anliegen befragen, der das wissen muss.

8. Small Talk

Small Talk, ein allgemeines Plaudern bei einem Geschäftsessen, am Rande einer Konferenz oder zum Aufwärmen vor einer Verhandlung ist ein Thema für sich. Deutschen wird allgemein nachgesagt, dass sie nicht besonders gut darin sind. Im Großen und Ganzen stimmt das wohl auch – mit persönlichen und auch regionalen Schwankungen. Immerhin setzt sich nach und nach ein Verständnis dafür durch, dass auch oberflächliches Geplauder doch seine soziale Funktion erfüllt und nicht von vornherein wegen Unverbindlichkeit oder mangelnden Tiefgangs abzulehnen ist. Dieses gewandelte Verständnis bezeugen Kurse und Ratgeber, die landauf, landab angeboten werden.

Und sind die Russen denn besser im Small Talk? Hier ist es mal wieder ein Fall von „es kommt darauf an“. Als kollektivistisch und polychron orientierte Kultur ist es wichtig, die sozialen Beziehungen untereinander zu pflegen, und dazu gehören auch mehr oder weniger intensive Gespräche, Diskussionen über alles Mögliche. So gesehen beherrschen Russen den Small Talk eigentlich recht gut. Allerdings bezieht sich dies in erster Linie auf die Gruppe oder das Netzwerk, zu dem sie gehören.

Außenstehenden gegenüber – und Sie als Ausländer werden oft ein Außenstehender sein – kann das manchmal anders aussehen. Dann können Gespräche genauso zäh werden wie sonst nur in der Lüneburger Heide. Das hat zum Teil auch mit einer gewissen Unsicherheit gegenüber Ausländern zu tun, die besonders bei Menschen auftreten kann, die wenig internationale Kontakte haben. Vielleicht wirkt hier auch die Sowjetzeit noch nach, in der Kontakte „normaler“ Menschen mit Ausländern nicht wirklich erwünscht waren. Aber es hat auch mit der Schwierigkeit zu tun, Außenstehende in dem Netz persönlicher Beziehungen zu verorten. Von daher kann man, je nach Situation, ganz unterschiedliche Erfahrungen machen. Wir können hier nicht alle Variationen vorwegnehmen, möchten Ihnen aber einige Hinweise für häufig anzutreffende Gesprächssituationen geben.

In Gesprächssituationen „von Mensch zu Mensch“, in denen Sie in informeller Runde mit Gleichgestellten sprechen, gibt es viele Themen, über die man mit russischen Gesprächspartnern gut plaudern kann:

- Viele interessieren sich für Sport und sind auch über die Bundesliga informiert,
- viele haben einen Garten und ziehen Gemüse und Blumen,
- man liest internationale Bestseller,
- fährt nach Italien oder in die Türkei in den Urlaub,
- spielt ein Musikinstrument.

Im Zweifel stellen Sie Fragen, die auf solche Themen abzielen, denn die sind unverfänglich und haben den Vorteil, dass man sich persönlich besser kennenlernt und vielleicht gemeinsame Interessen entdeckt.

8.1 „Typisch Deutsches" ist attraktiv

Seien Sie dabei nicht zu ironisch, was bestimmte deutsche Vorlieben angeht – das deutsche Vereinswesen etwa finden viele Russen ganz attraktiv. Also erzählen Sie ruhig von Ihrem Engagement im Sportverein oder bei der Freiwilligen Feuerwehr, im Kirchenchor oder der Elternvertretung der Schule – das werden Ihre russischen Partner viel spannender finden, als Sie vielleicht erwarten. Über Autos sprechen Russen dagegen bei Weitem nicht mit derselben Ausdauer und Begeisterung, die Deutsche bei diesem Thema an den Tag legen können.

8.2 Keine Angst vor Fachthemen

Manchmal werden Sie Gesprächspartner haben, die „Fachfragen" lieben. Das kann schwierig sein, wenn eine nach der anderen abgefeuert wird und man sie oft nicht beantworten kann, ohne weit auszuholen und verschiedene Varianten zu erläutern. Seien Sie dabei nicht zu pedantisch, so genau will man es meist gar nicht wissen. Auf die Frage „Wie hoch sind die Wohnungsmieten in Deutschland?", müssen Sie nicht einen bundesweiten Mietspiegel aufsagen. Nennen Sie ein paar Beispiele, die Sie zufällig kennen, und ein paar Parameter, die die Miethöhe beeinflussen können, das reicht dann schon. Es ist übrigens nicht so verpönt, jemanden nach seinem Gehalt zu fragen wie bei uns, deshalb kann Ihnen das durchaus passieren.

Kleiner Tipp: Geben Sie einen groben Vergleich mit dem Durchschnittseinkommen an, verbunden mit ein paar groben Ausgabenposten in Prozenten, denn sonst werden Sie im Vergleich zu Russen (wenn es nicht „Goldene Russen" sind), meist sehr reich erscheinen. Wenn Sie dagegen betont ausweichend antworten, oder ungehalten reagieren, verderben Sie vielleicht die Stimmung.

8.3 Vorsicht: Heikle Fragen!

Wenn Sie als Ehrengast gewissermaßen das Zentrum einer Gesellschaft sind, z. B. bei einem Essen, wird man Ihnen viele Fragen stellen, um Ihnen die Möglichkeit zu geben, sich darzustellen und im Mittelpunkt zu stehen. Dazu kann auch gehören, dass man Sie zu allen möglichen Dingen nach Ihrer Meinung fragt. Und was läge näher, als Sie auch um eine Einschätzung verschiedener Erscheinungen des politischen, wirtschaftlichen oder gesellschaftlichen Lebens zu bitten, und zwar im Vergleich zwischen Deutschland und Russland. Oder man fragt, wie bestimmte Dinge in Deutschland geregelt sind, warum, und was die Vor- und Nachteile dabei sind.

Ihren Ausführungen werden alle aufmerksam folgen, und das kann schon einigen Stress auslösen, vor allem, wenn Sie sich nicht so genau in der Materie auskennen oder wenn es heikle Fragen sind, zu denen Sie sich eigentlich gar nicht so gerne äußern möchten. Versuchen Sie, diplomatisch zu antworten, vor allem auf Gemeinsamkeiten zwischen Deutschland und Russland abzuheben und vermeiden Sie, belehrend oder beurteilend zu wirken (auch wenn die Fragestellung dazu einzuladen scheint!).

Wie in anderen Ländern und in Deutschland auch, ist man dem eigenen Land gegenüber durchaus kritisch, mag es aber nicht, wenn Ausländer sich kritisch äußern.

Es heißt nicht unbedingt, dass Sie Meinungen, die von denen Ihrer Gäste abweichen, absolut nicht äußern sollten, es ist mehr eine Frage, wie Sie es tun. Vielleicht können Sie darauf hinweisen, dass es zu dieser Frage in Deutschland viele Meinungen gibt, z. B. sagen die einen dies, die anderen das. Oder Sie weisen auf Probleme hin, die es auch in Deutschland gibt (aber nicht jammern!), und Lösungsmöglichkeiten, die man hierzulande ausprobiert. Oder Sie zielen mehr auf die persönliche Ebene ab, bringen ein Beispiel aus Ihrem Bekanntenkreis. Letzteres hat den Vorteil, dass es der russischen Seite leichter macht, das Thema zu wechseln, wenn man merkt, dass die Frage für Sie schwieriger war als geplant.

9. Gesprächsverlauf

Wenn Sie mit einem Dolmetscher arbeiten, läuft jedes Gespräch naturgemäß ziemlich geregelt ab: Es kann immer nur einer sprechen, und es muss zwischendurch Zeit zum Übersetzen bleiben. Auch ohne Dolmetscher hat eine Verhandlung oder Diskussion in Deutschland einen „Pingpong-Rhythmus“.

Wundern Sie sich nicht, wenn das bei Russen untereinander ganz anders abläuft! Es ist ganz normal, wenn es auch mal etwas lauter wird, wenn man gleichzeitig spricht oder sich unterbricht. Das ist noch lange kein Streitgespräch, sondern nur eine angeregte Diskussion, eben nach russischen Gesprächsregeln. Wenn Sie sich mit russischen Gesprächspartnern auf Englisch oder Deutsch unterhalten, finden Sie sich früher oder später auch in diesem Getümmel wieder. Es ist nicht sich so einfach, sich darauf einzustellen, wenn man nicht daran gewöhnt ist, es wird Ihnen aber kaum erspart bleiben.

Trompenaars stellt drei grundsätzlich unterschiedliche Modelle der Strukturierung eines Gesprächs vor: Man spricht

- abwechselnd,
- überlappend oder
- abwechselnd mit Pausen.

Deutsch: Immer schön der Reihe nach (auch Großbritannien)

A -------- ---------- ---------- ----------
B ---------- ---------- ---------- ----------

Russisch: Engagiert und emotional (auch Italien, Spanien, Frankreich)

A ---------- ---------- ----------- -----------
B ----------- ------------ ------------

Orientalisch: Das Gesagte nachklingen lassen (auch einige Völker in Russland).

A ----------- --------------- --------------
B -------------- -------------

Abb. Sprechrhythmus nach *Trompenaars*

Wichtig ist im Grunde nur, nicht beleidigt zu sein, weil man unterbrochen wird. Es hat gar nichts mit schlechten Manieren oder mangelndem Respekt vor Ihnen persönlich zu tun, sondern einfach mit einem kulturell unterschiedlichen Rhythmus des Sprechens.

10. Konfliktstile

So weit, so harmlos. Aber natürlich bringt die Kommunikation mit anderen Menschen immer auch Konflikte mit sich, und das natürlich nicht nur in interkulturellen Beziehungen. Unterschiedliche Interessen, Meinungen, Ziele führen zu Auseinandersetzungen, und kulturelle Unterschiede bieten ein großes und buntes Spektrum von potenziellen Missverständnissen, entgegengesetzten Normen und Spielregeln, aus denen Konflikte entstehen können. Kurz: Konflikte gehören zum Leben und zum interkulturellen Handeln erst recht. Sie werden sowieso nicht alle Konflikte vermeiden können. Wichtiger ist es, mit diesen Konflikten einigermaßen sensibel und konstruktiv umzugehen.

Dazu muss man vor allem verstehen, was die Ursache des Konflikts ist: Ist es einfach nur ein Missverständnis, das in einem ruhigen Gespräch aufgeklärt werden kann? Hatte eine der beiden Seiten falsche Erwartungen, wie es in interkulturellen Begegnungen leicht passieren kann (s. auch Kapitel I)? Liegt dem Problem ein Interessenskonflikt oder ein Fehlverhalten einer Person zugrunde? Vieles kann natürlich schiefgehen, aber die alles entscheidende Frage ist in Konflikten mit russischen Partnern, ob die persönliche Beziehung zerstört ist oder nicht. Ist dies der Fall, dann hilft meist nur noch, den „Problemträger" aus der Situation herauszunehmen, wie es in folgendem Beispiel passierte:

Beispiel

Eine russische Professorin fühlte sich von einem deutschen Doktoranden nicht angemessen gewürdigt. Tatsächlich beurteilte der junge Deutsche die Chemie-Forscherin und Mitgründerin eines erfolgreichen privaten Instituts nur nach ihrem „omamässigen" Aussehen. Nicht einmal für das Studium ihrer Visitenkarte auf Englisch hatte er Zeit gefunden, dabei hätte ihm das sofort die Augen geöffnet. Ergebnis: Ein Forschungsprojekt zwischen der deutschen Hochschule mit dem besagten Doktoranden als Projektkoordinator und dem russischen wissenschaftlichen Team, angeführt von der russischen Chemie-Professorin, wurde von russischer Seite auf Eis gelegt. Briefe wurden nicht beantwortet, Anrufe ins Leere weitergeleitet, bereits geplante Dienstreisen abgesagt. Vorsichtige Versuche, seitens der Leitung der deutschen Hochschule, das Gespräch zu suchen, um das Projekt wieder aufzuleben zu lassen, verliefen im Sand. Endlich fasste sich ein russischer Kollege – kurz vor Ablauf der Frist für die Antragsstellung auf EU-Förderung – ein Herz und erklärte seinem Vertrauten auf der deutschen Seite, dass die Chefin nicht am Projekt teilnimmt, solange der freche Jüngling darin auftaucht. Zum Glück war der Doktorand inzwischen auch zuhause in Ungnade gefallen und konnte ohne Gewissensbisse seitens der Hochschulleitung ersetzt werden. Das Projekt lief ab dann wie geschmiert. Als ob zuvor nichts geschehen wäre! Interessant dabei: Alle Versuche, sich für das Fehlverhalten des ehemaligen Projektleiters bei der russischen Professorin zu entschuldigen, wurden mit einem Schulterzucken zurückgewiesen. Sie stand quasi über solchen Details und war nicht bereit, sich mit lächerlichen „Beziehungsklärungen" aufzuhalten.

Auf der soliden Basis einer intakten persönlichen Beziehung kann man dagegen auch mit unterschiedlichen Meinungen oder sogar kommerziellen Interessenkonflikten oft ganz offen umgehen und eine pragmatische, für beide Seiten akzeptable Lösung finden. Auch dann muss – wie im Beispiel – nicht jedes Missverständnis im Detail aufgearbeitet werden, vielleicht reicht es dann schon, beim gemeinsamen Essen mal auf das gemeinsame Projekt oder auch die Freundschaft anzustoßen.

Im Zweifelsfall: Nerven behalten!
Eine Situation kann es allerdings geben, in der man einen Konflikt sogar suchen muss, um eine gute persönliche Beziehung überhaupt erst herzustellen: Wenn ein Partner versucht, eine Machtdistanz aufzubauen, die man nicht für gerechtfertigt hält und die man für die Zukunft so nicht will.

Beispiel

Andrea: Ein Vertreter eines russischen Partners, mein Gegenüber bei der Organisation einer gemeinsamen Veranstaltung, versuchte, mich als seine Mitarbeiterin zu behandeln und mich herumzukommandieren, auch noch mit einem groben Ton und massiver (ungerechtfertigter) Kritik. So wollte ich unsere Zusammenarbeit nicht gestalten! Ich hielt also einmal ebenso massiv und laut dagegen und verbat mir diese Umgangsformen mit unmissverständlichen Worten. Er reagierte zunächst schockiert, aber nach kurzer „Sendepause" änderte sich sein Verhalten komplett. Mehr noch, er schien mich danach nicht nur zu respektieren, sondern mir auch mehr zu vertrauen. Wir haben danach noch jahrelang gut zusammengearbeitet.

Zugegeben, das ist eine extreme Art, ein **P-Ass** herzustellen: Auch wenn Streiten durchaus verbinden kann, sollten Sie solche Zusammenstöße doch sparsam dosieren!

11. Kleinigkeiten mit großer Wirkung

Zum Schluss unserer Kreuzfahrt durch das Meer der Kommunikation noch ein paar Hinweise zu kommunikativen Standardsituationen – und wie beim Fußball ist es gut und nützlich, sie zu beherrschen, wenn man das Spiel gewinnen will. Es geht dabei um Konventionen des Alltags, die in jeder Kultur nach allgemein bekannten Regeln ablaufen. Teilweise sind sie relativ stark formalisiert und stehen an der Grenze zum Ritual. Es ist nun nicht so, dass Sie besonders groß herauskommen, wenn Sie diese beherrschen. Eher kann es umgekehrt irritieren, wenn Sie die Regeln nicht befolgen. Ein guter Dolmetscher wird Ihnen zwar auch hier das Leben erleichtern, aber es ist doch besser, sich selbst auszukennen.

Bei diesen Standardsituationen lässt sich übrigens je nach Alter unterschiedliches Verhalten beobachten. Tendenziell folgen jüngere Menschen, besonders wenn sie einen Teil ihrer Ausbildung im Ausland absolviert haben, weniger deutlich dem russischen Muster. Dieses erlebt man eher bei Menschen ab 40, dann eigentlich unabhängig von internationaler Erfahrung.

11.1 Begrüßung und Verabschiedung

Die russische Begrüßung kann uns Deutschen manchmal etwas kühl vorkommen, jedenfalls solange man sich nicht gut kennt. Es wird nicht unbedingt jedem die Hand geschüttelt, insbesondere Damen werden dann oft ausgespart. Russische Damen haben oft einen für uns ungewöhnlich und sogar unangenehm schlaffen Händedruck, von dem man aber keinesfalls auf einen ebensolchen Charakter schließen sollte (s. Kapitel D)! Und wenn Ihnen doch ausdauernd die Hand geschüttelt wird, hat vielleicht jemand einen interkulturellen Ratgeber gelesen.

Kennt man sich dagegen gut, wird die Begrüßung sehr herzlich und oft körperbetonter als bei uns ausfallen: Dann wird unter Männern die Hand des Anderen mit beiden Händen ergriffen, Frauen werden von Frauen (und manchmal auch Männern) umarmt. Manch älterer Herr versucht sich sogar an einem Handkuss. Bussi-Bussi-Küsschen erlebt man dagegen eher selten – man macht eben keine halben Sachen, wenn es um persönliche Beziehungen geht.

Ist ein erstes Gespräch gut verlaufen, hat man einen guten Draht zueinandergefunden, dann wird die gefühlte Temperatur der Verabschiedung deutlich über der Begrüßung liegen.

11.2 Körperkontakt

Generell kann der physische Abstand zwischen den Menschen in Russland kleiner ausfallen, ohne dass sich jemand unwohl fühlt. Besonders in der mittleren und älteren Generation gibt es zwischen Menschen, die sich gut kennen, mehr Berührungen wie Schulterklopfen, Unterhaken usw. Das kann bei Westlern schon mal zu einem Gefühl der Distanzlosigkeit führen und etwas überwältigend werden. Insgesamt gibt es aber besonders unter jüngeren Menschen heute mehr Sensibilität dafür, dass in anderen Ländern andere Gepflogenheiten herrschen. Trotzdem kann frau schon mal das Opfer einer „Kuss-Attacke" seitens eines älteren Herrn werden, der sich dann diebisch darüber freut. Am besten nimmt man das nicht allzu ernst und sorgt nur zukünftig für einen Sicherheitsabstand zu der betreffenden Person.

11.3 Anreden

Die ganz offizielle Anrede unter Russen und Russinnen ist auch heute noch die mit Vornamen und Vaternamen. Der Vatersname wird mithilfe eines Suffixes aus dem Vornamen des Vaters gebildet:

Vorname des Vaters	Vatersname der Tochter	Vatersname des Sohns
Pjotr	Petrowna	Petrowitsch
Wladimir	Wladimirowna	Wladimirowitsch
Sergej	Sergejewna	Sergejewitsch

Das ist gut zu wissen und bei manchen Personen ist es auch der Mühe wert, sich diese korrekte Form einzuprägen und zu verwenden, besonders bei der Korrespondenz. Andererseits ist es nicht nötig, sich künstlich auch einen Vatersnamen zuzulegen, das wirkt eher albern. Jeder Russe, mit dem Sie es zu tun haben werden, weiß, dass es diese Form in Sprachen wie Deutsch oder Englisch nicht gibt, und wird versuchen, eine Lösung für diese Schwierigkeit zu finden. Es kann dann sein, dass Sie auf dieser formellen Ebene mit Vor- und Familiennamen angesprochen werden, auch in schriftlicher Form. Oder nur mit Nachnamen, denn im Russischen wird oft erst der Familienname und dann der Vorname genannt (ein bisschen wie in Bayern), da kann es schon mal zu Verwechselungen kommen.

Nehmen Sie das alles zur Kenntnis, aber nicht zu ernst und versuchen Sie bei erster Gelegenheit, diese ganzen Wirren zugunsten des Modells hinter sich zu lassen, das wir Ihnen schon empfohlen hatten: Vorname + Sie (egal in welcher Sprache). Das erleichtert beiden Seiten das Leben ungemein, denn die fremden Vornamen sind in der Regel einfacher als die fremden Nachnamen. Außerdem ist dann der Übergang von und zum Englischen „Vorname plus you" reibungslos.

Noch eine Kleinigkeit: Akademische Titel werden beim Briefwechsel oder im Gespräch normalerweise nicht verwendet, es macht also auch wenig Sinn, wenn Sie sich als Doktor oder Professor Müller vorstellen.

Basics

- Erste Begrüßung eher zurückhaltend.
- Händeschütteln nicht immer üblich, bei Frauen selten.
- Bei guten Bekannten ist mehr Körperkontakt normal.
- Physischer Abstand kann geringer sein.
- Offizielle Anrede mit Vor- und Vatersnamen.
- Besser für das Gespräch: Vorname und Sie.

Wir haben uns in diesem und in den vorangegangenen Kapiteln viel mit der Oberfläche und auch mit der Unterwassergestalt unseres Eisbergs beschäftigt. Im nächsten Kapitel tauchen wir noch tiefer und erreichen den Meeresboden: das Vertrauen, das die Basis für alle unsere Aktivitäten bildet.

12. Dos & Don’ts

1. Bei der Kommunikation gibt es zwischen Russland und Deutschland zahlreiche Unterschiede auf den verschiedensten Ebenen von ganz praktischen bis hin zur Kulturdimension **High Context/Low Context.** Verschaffen Sie sich einen Überblick und versuchen Sie, diese Unterschiede zu berücksichtigen.
2. Lernen Sie wenigstens ein bisschen Russisch! Es wird Ihnen die Herzen Ihrer Partner öffnen und Ihnen auch Ihre Aufenthalte in Russland erleichtern.
3. Arbeiten Sie mit guten, professionellen Dolmetschern und Übersetzern zusammen. Unterschätzen Sie den Wert ihrer Arbeit nicht.
4. Benutzen Sie nach Möglichkeit die Anrede „Vorname + Sie“ – das ist in Russland heute ganz üblich. So können Sie Höflichkeit und geschäftlichen Umgangston doch mit menschlicher Nähe verbinden.
5. Bei der Bürokommunikation wird in Russland Schnelligkeit geschätzt. Verzichten Sie auf übertriebene Perfektion und versuchen Sie, bei dem Tempo mitzuhalten.
6. Fahren Sie auf zwei Schienen: informelle (mündliche) Abstimmung und formelle (schriftliche) Bestätigung.
7. Der Gesprächsverlauf ist in Russland lebhafter als in Deutschland – seien Sie nicht beleidigt, wenn Sie öfter unterbrochen werden, das ist so üblich und kein Zeichen von mangelndem Respekt.
8. Bereiten Sie sich auf Small Talk-Situationen vor: Überlegen Sie, was Sie von sich erzählen können und wollen, welche Themen vielleicht für Ihre Partner interessant sind und welche Fragen Sie stellen könnten, um ein angenehmes Gespräch in Gang zu halten. Berücksichtigen Sie, dass die Grenzen zwischen Privatem und Beruflichem nicht so streng gezogen sein werden wie in Deutschland.
9. In Russland wird in vielen Situationen weniger deutlich formuliert als in Deutschland, besonders, wenn es um Kritik oder Probleme geht. Das sollten Sie beim „Senden“ und „Empfangen“ von Botschaften berücksichtigen:
   - Formulieren Sie selbst Kritik an Ihren Partnern vorsichtig und eher indirekt. Wählen Sie den Moment und den Inhalt gut, betonen Sie gemeinsame Interessen.
   - Wann immer möglich: Heben Sie in erster Linie das Positive hervor und machen Sie Vorschläge für eine weitere Verbesserung.
   - Seien Sie umgekehrt sehr aufmerksam, wenn Sie eine Beurteilung einer Leistung von Ihrem Partner bekommen. Es kann sein, dass diese auch sehr indirekt formuliert ist und deshalb nicht leicht zu verstehen.
   - Achten Sie dann auch auf das, was nicht erwähnt wird, auf Andeutungen und nicht verbale Signale.
10. Ausnahmen sind Situationen, in denen Machtdistanz eine Rolle spielt: Hier wird allgemein Klartext geredet, und das wird dann auch von Ihnen erwartet (als Chef oder als Auftraggeber).

11. Bei Konflikten ist entscheidend, ob die persönliche Beziehung gestört ist oder nicht. Ist dies der Fall, muss die Person ausgetauscht werden, die den Konflikt verursacht hat.
12. Ist die Beziehung stark und im Wesentlichen intakt, kann man über pragmatische Lösungen sprechen, aber ohne detailliertes Aufarbeiten aller Hintergründe des Konflikts.

I. Kontrolle ist gut, Vertrauen ist besser
Vertrauen in internationalen Geschäftsbeziehungen

Ein ganzes Kapitel über Vertrauen?? Ist das nicht eine etwas sentimentale Sache, die mit dem harten, rational orientierten Geschäftsleben wenig bis gar nichts zu tun hat? Und hat man von einer gründlichen Kontrolle nicht viel mehr? Ganz so einfach ist es nicht. Aber tatsächlich stellt sich die Frage: Wozu braucht man eigentlich Vertrauen?

1. Funktion von Vertrauen

Im Grunde brauchen wir Vertrauen, um soziale Kontakte, gemeinsame Vorhaben aller Art und auch Geschäfte überhaupt in Gang zu bekommen. Eins ist jedenfalls sicher: Wir können praktisch keine Situation in unserem Leben so weit kontrollieren, dass wir alle Aspekte vorab durchprüfen und Entscheidungen rein auf Faktenbasis treffen könnten. Denn wir haben als Menschen ein Problem: Wir müssen ständig Entscheidungen treffen, mit der wir uns für die Zukunft (mehr oder weniger) festlegen: Ob wir uns nun entscheiden, eine Familie zu gründen, ein Haus zu bauen oder einen Mitarbeiter einzustellen. Und zukünftige Entwicklungen können wir überhaupt nicht vorhersehen. Wir wissen schließlich nicht, wie sich die Persönlichkeit unseres Lebenspartners entwickelt, ob wir uns auch in fünf Jahren noch die Hypothekenzinsen leisten können oder ob der Mitarbeiter nach gründlicher Einarbeitung zur Konkurrenz wechselt. Vielleicht läuft auch alles im Gegenteil alles noch besser als erhofft. Selbst wenn wir die gegenwärtige Situation vielleicht weitgehend beurteilen können, bei der Zukunft hört es auf, und wir müssen eben vertrauen, unserem eigenen Urteil, der anderen Person, der Stabilität politischer und wirtschaftlicher Rahmenbedingungen und zahllosen anderen Gegebenheiten unserer komplexen Umwelt.

Nicht einmal für die Gegenwart ist es möglich, alle Eigenschaften eines Partners, Kunden oder Lieferanten hundertprozentig zu überprüfen, und deshalb ist ein gewisses Maß an Vertrauen immer erforderlich, um ein gemeinsames Projekt oder Geschäft zu starten. Die Bedeutung des Vertrauens wächst in dem Maße, wie Kontrolle schwieriger oder unmöglich wird. Nicht umsonst spricht man von den Vertrauenseigenschaften eines Produkts: Ob Ihnen das Buch, das Sie gerade gekauft haben, wirklich gefällt, können Sie erst beurteilen, wenn Sie es gelesen haben, aber dann können Sie es nicht mehr zurückgeben. Noch schärfer stellt sich das Problem bei Dienstleistungen, deren Qualität grundsätzlich erst im Nachhinein beurteilt werden können: Wird die Ärztin mich wirklich heilen können oder wird mir der Friseur wirklich ordentlich die Haare schneiden? Bis ich das weiß, muss ich vertrauen, und beim nächsten Mal ist es im Grunde wieder genauso.

Wir brauchen Vertrauen, um trotz einer ungewissen Zukunft überhaupt handlungsfähig zu sein.

2. Warum Vertrauen im internationalen Kontext besonders wichtig ist

2.1 Vertrauensdilemma

Wenn man in einem internationalen Kontext handelt, wird es noch komplizierter: Schon allein die räumliche Entfernung erschwert die Beurteilung und Kontrolle der anderen Seite, trotz moderner Kommunikationstechnologien. Hinzu kommen meist eine fremde Sprache, eine andere Kultur und andere Geschäftsgepflogenheiten, die Unsicherheit und Unwägbarkeiten hervorrufen. *Torsten Kühlmann* spricht sogar von einem „Vertrauensdilemma internationaler Geschäftsbeziehungen" (*Kühlmann*). Er stellt fest, dass Vertrauen einerseits im internationalen Kontext besonders wichtig ist. Denn:

- Verträge helfen nicht in demselben Maße wie im eigenen Land: Wahrscheinlich gibt es Unterschiede im Rechtssystem und in der Rechtsauffassung, man kennt die örtlichen Gegebenheiten nicht so genau und weiß vielleicht nicht einmal, was man alles vertraglich regeln müsste.
- Es ist in jedem Fall schwieriger, teurer und langwieriger, Rechtsansprüche aus Verträgen im Ausland durchzusetzen – und die Erfolgsaussichten sind auch nicht unbedingt die besten.
- Man sieht seine Partner nicht so oft und kann daher ihr Verhalten nicht ständig beobachten und bewerten.

Von daher wäre es besonders hilfreich, wenn man seinen Geschäftspartnern vertrauen könnte. Gleichzeitig gibt es aber bei internationalen Beziehungen besonders große Probleme, Vertrauen zu bilden:

- Man ist meist nicht ausreichend mit den kulturellen Normen, den informellen Spielregeln vertraut, die das Verhalten des Gegenübers bestimmen (ist ein Ehrenwort wirklich ein Ehrenwort?), und kann dieses Verhalten nicht einschätzen.
- Damit verbunden: Signale für Vertrauenswürdigkeit sind kulturabhängig, man kann sie vielleicht gar nicht empfangen, auch wenn sie vom Partner gesendet werden.
- Möglicherweise kennt man auch die Funktionsweisen und offiziellen und inoffiziellen Sanktionsmechanismen örtlicher Institutionen und Organisationen nicht genau, sodass man die Folgen eines Fehlverhaltens für den Partner nicht abschätzen kann.

Übrigens sollten wir hier schon gleich festhalten:
Das Vertrauensdilemma internationaler Geschäftsbeziehungen besteht zu Beginn einer Geschäftsbeziehung immer für beide Seiten und im Allgemeinen auch gleichzeitig – für Sie bedeutet das: Sie müssen sowohl selbst entscheiden, wem Sie vertrauen, als auch das Vertrauen Ihrer neuen Partner gewinnen.

2.2 Vertrauen vermeidet Unsicherheitsvermeidung

In russisch-deutschen Geschäftsbeziehungen kommt ein wichtiger Faktor hinzu: das Bedürfnis nach Unsicherheitsvermeidung. Wie wir in Kapitel G gesehen haben, ist es auf der russischen Seite sehr hoch und liegt auf der deutschen immerhin auch noch im oberen Mittelfeld. Dabei bringt es der Wunsch, Unsicherheit zu vermeiden, mit sich, dass Vertrauen besonders wichtig ist: Es ist in vielen Situationen die einzige Möglichkeit, tatsächlich gemeinsam zu handeln und sich nicht endlos gegenseitig zu umkreisen und zu taxieren. Gleichzeitig führt die Unsicherheit dazu, dass Beziehungen recht störungsanfällig sind – das tiefliegende Gefühl des Misstrauens wird schnell aktiviert, wenn etwas Unerwartetes oder Negatives passiert.

2.3 Entstehung und Verlust von Vertrauen

Wie entsteht nun Vertrauen? Im Rahmen des Projekts „Smart Globalizing" haben Wissenschaftler der Leuphana Universität Lüneburg ein Modell entwickelt, mit dem sie das Wachsen und die Zerstörung von Vertrauen darstellen (*Franke/Günther*). Das „4 V"-Modell zeigt das Zusammenspiel von Erwartungen, tatsächlichem Verhalten und daraus resultierendem Vertrauen oder Vertrauensverlust. Die 4V stehen dabei für Verstehen-Verständnis-Vertrauen-Verbundenheit. Wir stellen es Ihnen in einer modifizierten Form vor:

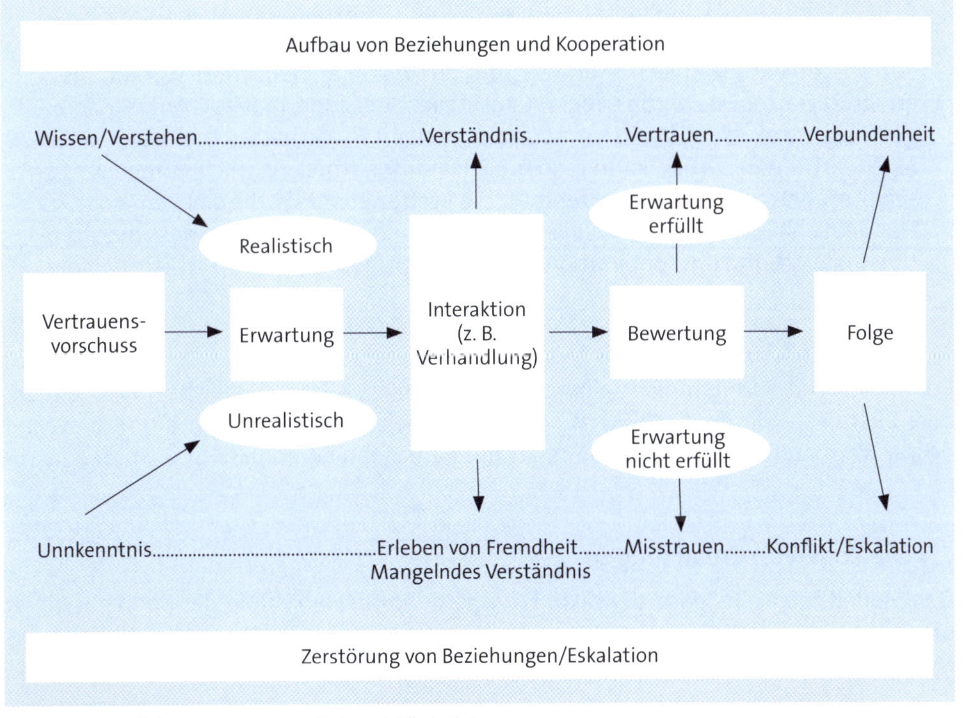

Abb.: 4V-Modell des Vertrauens nach Smart Globalizing

Zunächst gibt es eine Interaktion zwischen Partner A und Partner B – eine Anfrage, ein Angebot, eine Verhandlung. Dazu muss es schon einen gewissen Vertrauensvorschuss geben, sonst würde diese erste Phase der Kooperation ja gar nicht zustande kommen. Nun kommt es darauf an, ob A das Verhalten von B versteht und akzeptiert, also Verständnis für Bs Verhalten hat, z. B. weil A sich mit Bs kulturellem Hintergrund beschäftigt hat. In diesem Fall wird A einigermaßen realistische Erwartungen an das Verhalten von Partner B entwickeln. Bestätigt Partner B nun durch sein Verhalten die Erwartung von A, dann steigt das Vertrauen von A in B, er fühlt sich in seiner Erwartungshaltung bestätigt und beurteilt die Perspektiven der Zusammenarbeit optimistischer. Geht das auch bei den nächsten Interaktionen immer so weiter, verstärkt sich das Vertrauen und eine solide Basis für die gemeinsamen Aktivitäten baut sich auf. Diese kann dann auch einen gelegentlichen Rückschlag oder Konflikt verkraften und mündet in eine echte Verbundenheit zwischen den Partnern A und B.

Vertrauensverlust

Soweit der Idealfall. Aber es sind auch pessimistischere Szenarien denkbar – die auch oft genug der Realität entsprechen: Findet A in der ersten Phase das Verhalten von B merkwürdig, unerklärlich und fremd, und entwickelt A kein Verständnis für B, so kann A auch keine realistischen Erwartungen an B richten. A wird dann meist ungefiltert ein Verhalten erwarten, das in seiner eigenen Kultur üblich ist. Dann besteht die Gefahr, dass diese unrealistische Erwartung enttäuscht wird und sich B anders und aus As Sicht schlechter verhält, als A erwartet hatte. Das verunsichert A zusätzlich – er fand ja B von Anfang an eigenartig – und es macht ihn misstrauisch. Bleibt Bs Verhalten mehrfach hinter As Erwartungen zurück, kann man die Zusammenarbeit ziemlich schnell als gescheitert betrachten, denn es fehlt ihr die Vertrauensbasis, die das gemeinsame Handeln erst ermöglicht. Im Gegenteil, man kann sich vorstellen, dass die Situation eskaliert und die Kooperation mit gegenseitigen Vorwürfen im Streit endet.

Die Sache wird dadurch nicht einfacher, dass derselbe Prozess gleichzeitig in die andere Richtung abläuft: Auch B hat schließlich auch Erwartungen an A und bewertet dessen Verhalten, möglicherweise sogar mit denselben Ergebnissen.

2.4 Die Rolle von Erwartungen

Das Modell zeigt eins ganz deutlich: Entscheidend für den Erfolg der Kooperation ist nicht nur Bs Verhalten, sondern auch As Erwartung, beide Faktoren beeinflussen das Geschehen. Daraus folgt:

Jeder Teilnehmer an einer Interaktion ist nicht nur für sein Verhalten, sondern auch für das Management seiner Erwartungen verantwortlich.

Diese Erwartungen werden ebenso von unserer kulturellen Programmierung bestimmt, wie das Verhalten des Partners von seiner. Insofern müssen wir auch unsere eigenen Erwartungen verstehen und ihren Realismus bewerten, denn falsche, also unerfüllbare Erwartungen entfalten – wie wir gesehen haben – eine beträchtliche Sprengkraft in Beziehungen. Und wir müssen uns Kenntnisse über den kulturellen Hintergrund unseres Gegenübers aneignen, denn nur dann kann es zu Verstehen und Verständnis kommen.

In interkulturellen Begegnungen haben wir es immer mit zwei verschiedenen Erwartungen zu tun. Einerseits bestehen Erwartungen an die andere Person als Mitglied einer anderen Kultur: Ob man es Stereotyp oder Image nennen will, Sie erwarten von einem Russen bestimmte Verhaltensweisen und er hat seinerseits bestimmte Erwartungen an Sie als Deutschen. Andererseits gibt es aber auch noch die unbewussten Erwartungen, die wir in bestimmten Situationen aufgrund unserer eigenen Kultur generell an das Verhalten anderer Personen haben. Und man kann es gar nicht oft genug betonen: Was ich von einem Gegenüber erwarte, ist so fest in meiner Kultur verankert, dass es mir selbst im Normalfall gar nicht bewusst ist. In den vorangegangenen Kapiteln haben wir immer wieder gezeigt, von welchen kulturell geprägten Prämissen deutsche Manager und Fachleute ausgehen und wo die Unterschiede zu ihren russischen Kollegen liegen – sei es bei Einstellungen, sei es bei realen Rahmenbedingungen.

3. Wege aus dem Vertrauensdilemma

Wie kommt man also aus dem Vertrauensdilemma der internationalen Zusammenarbeit heraus? Wie kann man Kooperationen in Gang bekommen und Vertrauen fassen und erzeugen?

3.1 Vertrauen aufbauen

Wenn es darum geht, Vertrauen bei seinem Gegenüber zu erzeugen, wirken alle Maßnahmen, die wir schon im Zusammenhang mit der Unsicherheitsvermeidung angesprochen haben, also:

- Reputation aufbauen und demonstrieren.
- Mit Empfehlungen arbeiten.
- Ausführlich und aussagekräftig informieren.
- Gelegenheit zur Überprüfung geben (z. B. einem potenziellen Kunden einen Besuch der eigenen Produktionsbasis ermöglichen oder wenigstens einen Film zeigen, Produktmuster, Proben usw.).

Um das eigene Vertrauen in die andere Seite aufzubauen, lassen sich diese Empfehlungen im Grunde umkehren. Man sollte zunächst versuchen, Informationen zu sammeln, um besser zu verstehen, mit wem man es zu tun hat:

- Die Reputation des potenziellen Partners einschätzen, z. B. indem man neutrale Dritte befragt.
- Herausfinden, mit wem der potenzielle Partner sonst noch zusammenarbeitet.
- Informationen über die relevanten Punkte der geplanten Kooperation einholen – vom Partner selbst und von Dritten.
- Gelegenheit zur Überprüfung suchen, z. B. den Partner in seinem Unternehmen besuchen.
- Und: Sich nicht wundern oder beleidigt sein, wenn das Gegenüber seinerseits eine solche Prüfung durchführt.

Darüber hinaus sollte man das tun, was Sie jetzt sowieso gerade tun: Sich möglichst umfassend über das Umfeld, die Branche, die Kultur mit ihren Gepflogenheiten und Regeln (formellen und informellen!) zu informieren. Was ist normal, was für Verhalten kann man erwarten, wie wird Fehlverhalten sanktioniert?

Das ist die Faktenbasis, aber das reicht nicht aus. Für beide Seiten gilt: Ein schrittweises Vorgehen mit zunächst überschaubarem Risiko und Vertrauensvorschuss ist das Beste. Vielleicht ist es möglich, erstmal ein Pilotprojekt durchzuführen, bevor man sich langfristig festlegt. So wird keiner gleich nervös, wenn es Anfangsschwierigkeiten gibt, und man kann sich kennenlernen und testen, ob man wirklich zusammenpasst. Parallel dazu sollten Sie sich die Zeit nehmen, Ihre zukünftigen Partner als Menschen kennenzulernen und eine gute persönliche Beziehung aufzubauen.

3.2 Die Rolle von Image und Stereotypen

Wenn wir über Erwartungen sprechen, ist auch der Gedanke an Stereotypen nicht weit, denn Stereotypen sind ja nicht nur Werturteile, sondern umfassen auch Erwartungen an das Verhalten des Anderen, wobei es positive oder negative Erwartungen geben kann. Und damit kehrt sich das 4V-Modell bei Stereotypen mit geradezu mathematischer Präzision um. Denn wenn man negative stereotype Erwartungen bestätigt, wird kein Vertrauen entstehen, „enttäuscht" man dagegen negative Vorurteile, kann man langsam darauf aufbauen. Aber Vorsicht! Gerade negative Stereotype sind ausgesprochen zäh und langlebig – ein kleiner Ausrutscher und es heißt „Also doch"! Insofern kann man zwar mit Stereotypen arbeiten, sollte aber nicht nur mit den positiven spielen, sondern einige Energie auf die Überwindung der negativen verwenden. Denn wenn man bewusst positive bestätigt, kann man nicht genau wissen, ob man damit nicht auch schlafende negative Vorurteile weckt. Also, ein bisschen Fingerspitzengefühl ist in dieser Sache schon angesagt. Und es nützt überhaupt nichts, bei der Humorlosigkeit das Stereotyp voll zu bedienen, um dann seine un-deutsche Lockerheit durch Unpünktlichkeit zu demonstrieren!

3.3 Positiv: „Made in Germany“

Praktisch ist dabei, dass es durchaus positive Vor-Urteile gibt, auf denen Sie aufbauen können, denn allgemein werden Russen Deutschen zunächst Ernsthaftigkeit, Korrektheit und Ehrlichkeit unterstellen. Und „made in Germany“ hat in Russland einen sehr guten Ruf, man wird Ihnen also grundsätzlich glauben, dass Ihre Leistungen oder Produkte eine hohe Qualität bieten.

Stehen Sie dazu, erfüllen Sie das Stereotyp des zuverlässigen Deutschen nach Kräften, relativieren oder ironisieren Sie es nicht! Es gibt Ihnen einen wertvollen Vertrauensvorschuss, den Sie unbedingt nutzen sollten.

Es gibt auch gar keinen Grund, sein Licht unter den Scheffel zu stellen, vor allem, wenn man diese Qualitätserwartungen erfüllen kann. Allerdings hat Ihre Bestätigung des deutschen Image nur den Wert eines Hygienefaktors, Sie erfüllen nur das, was man sowieso von Ihnen erwartet, also werden Sie keinen Szenenapplaus dafür bekommen.

Das sieht ganz anders aus, wenn Sie die negativen Stereotypen „enttäuschen“, wenn Sie das Bild vom langweiligen, sturen, arroganten Deutschen durch Ihren Charme, Ihre Flexibilität und Menschlichkeit mit ganz anderen Farben versehen. Sie wissen, dass Sie es geschafft haben, wenn Ihnen dann ein russischer Gast nach einer Woche gemeinsamer Arbeit sagt: „Also, die Organisation war natürlich deutsche Wertarbeit, aber ich hätte nicht gedacht, dass die Deutschen so lustig sein können, so lebensfroh und gastfreundlich!“ Und raten Sie mal, wovon er zuhause besonders ausführlich erzählen wird ...

4. Verschiedene Gesichter der Kontrolle

Beispiel

Bei einer Veranstaltungen mit deutschen und russischen Geschäftsleuten und Unternehmern beklagt ein deutscher Unternehmer seine bitteren Erfahrungen in Russland: Der Betriebsleiter seiner russischen Produktion habe ihn belogen, der Finanzchef Geld veruntreut, die Mitarbeiter hätten geklaut wie die Raben. Man merkt es den Gesichtern der russischen Manager an, dass es in ihnen arbeitet, schließlich hält es einer von ihnen nicht mehr aus und meldet sich zu Wort: „Warum haben Sie denn lauter Lügner, Betrüger und Diebe eingestellt??“

„Wer das Gefühl hat, dass sein Vertrauen öfter missbraucht wird, schätzt Dinge vielleicht nicht richtig ein“ (*Scheif*). Aber was bedeutet „richtig einschätzen“? Also doch: „Vertraue, aber prüfe nach“ – wie das russische Sprichwort besagt, das Lenin gern zitierte (daraus wurde dann das bekannte „Vertrauen ist gut, Kontrolle ist besser“ gemacht)? Aus dem bisher Gesagten sollte schon klar geworden sein, dass es so einfach nicht ist. Andererseits fehlt in dem 4V-Modell tatsächlich das Element der Kontrolle – und zwar auf 2 Ebenen:

4.1 Sachliche Überprüfung

Zunächst gehört zu einer geschäftlichen oder wissenschaftlichen Zusammenarbeit auch die Überprüfung von Ergebnissen, Fakten, Aussagen oder Beiträgen der anderen Seite – und bei Einstellungen die Prüfung der Eignung und des Charakters des neuen Mitarbeiters. Das ist einfach Teil des Prozesses und der Sorgfaltspflicht, die man sich selbst und anderen Beteiligten gegenüber hat. Man sollte jedoch die Leistungsfähigkeit von Kontrollen nicht überschätzen: Das Risiko, betrogen zu werden, lässt sich auf diesem Wege bestenfalls reduzieren, nicht völlig ausschließen.

Deshalb wird der aussichtsreichere Weg immer sein, Beziehungen zu Partnern und Mitarbeitern so zu gestalten, dass es profitabler und erfolgversprechender ist, gut und ehrlich mit Ihnen zusammenzuarbeiten, als nur einmal abzukassieren.

Dazu gehört zunächst, dass man Beziehungen möglichst langfristig anlegt. Das hat zwei Vorteile: Man kann die Partner über einen längeren Zeitraum besser kennenlernen und sie bewerten (und umgekehrt können Ihre Partner dasselbe mit Ihnen tun), und aus der Vertrautheit und dem gemeinsamen Erfolg ergeben sich für beide Seiten Vorteile. Der Wechsel zu neuen Partnern ist dagegen stets mit Risiken und Kosten verbunden. Wenn möglich, kann man auch dafür sorgen, dass man in dasselbe Netzwerk eingebunden ist wie der Partner. Das hat den Vorteil, dass man sich zusätzliche informelle Informationsquellen erschließt, und dass der Partner weiß, dass das der Fall ist. Außerdem gibt es möglicherweise informelle oder sogar formelle Sanktionen für unehrliche Mitglieder. Andererseits hat Ihr Partner dadurch dieselben Möglichkeiten wie Sie, was es wiederum ihm erleichtern wird, Ihnen zu vertrauen.

4.2 Selbstkontrolle: Erwartungs-Check

Genauso wichtig ist aber die mentale Selbstkontrolle: Sind meine Erwartungen realistisch und der Situation angemessen? Basieren sie auf Urteilen, Vorurteilen oder unwillkürlichen kulturell verankerten Normen? Stimmen meine Wahrnehmung und das Ergebnis überein? Eine solche Kontrolle ist ebenfalls sehr wichtig für den Erfolg gemeinsamer Projekte, wie das 4V-Modell deutlich zeigt. Diese Selbstprüfung liegt in Ihrer eigenen Verantwortung, aber auch in Ihrem eigenen Interesse, denn sie kann Ihnen viele – unnötige! – Probleme ersparen.

4.3 Vertrauen, Kontrolle und russische Machtdistanz

Nach dem oben Gesagten könnte man das russische Sprichwort, das Lenin so gut gefiel, vielleicht doch etwas abwandeln, etwa so: „Vertrauen ist nötig, und Kontrolle muss auch sein". Letzteres gilt in Russland, und zwar vor allem in Beziehungen, in denen Machtdistanz eine Rolle spielt. Wir hatten schon den Fall des Chefs eines Teams mit russischen Mitarbeitern. Diese werden höchstwahrscheinlich von Ihnen erwarten, dass Sie die Ergebnisse kontrollieren, und zwar regelmäßig. Lassen Sie sich berichten, Zahlen vorlegen, Abweichungen begründen, ansonsten wird man Sie nicht ernst nehmen und Ihnen als Vorgesetztem auch nicht vertrauen!

Es gibt natürlich noch viele andere Versionen der Machtdistanz, z. B. Hersteller-Zulieferer, Auftraggeber-Auftragnehmer, Kunde/Verbraucher – Dienstleister/Hersteller. In all diesen Fällen gilt dasselbe: Kontrollieren Sie die Performance, sprechen Sie Abweichungen an, bestehen Sie auf Nachbesserung, genauso wie Sie es zuhause auch tun würden. Alles andere bringt Sie nicht weiter. Andersherum, wenn Sie auf der anderen Seite des Machtgefälles stehen, müssen Sie genauso eventuelle Kontrollmaßnahmen mitmachen. Und die können wegen der russischen Unsicherheitsvermeidung durchaus deutlich gründlicher ausfallen als Ihre eigenen. Seien Sie darüber nicht irritiert, Sie kennen ja den Grund dafür. Sehen Sie vielmehr das Positive: Eine erfolgreich überstandene Kontrolle stärkt das Vertrauen Ihres Gegenübers in Ihre Leistungsfähigkeit.

5. Vertrauen in der Wissenschaft

In der Wissenschaft ist es um einiges einfacher, zu einer vertrauensvollen Kooperation zu kommen, als in der Wirtschaft. Dafür gibt es mehrere Gründe: Zunächst einmal gibt es eine positive Grundeinstellung auf allen Seiten und hohe Erwartungen an die Ergebnisse, was sich auch in der finanziellen Unterstützung verschiedener staatlicher Stellen ausdrückt. Beispiele dafür gibt es viele – so vergibt die EU Projektmittel für Forschungsvorhaben mit internationaler Beteiligung, die russische Regierung Fördergelder für die Internationalisierung russischer Hochschulen, und die deutsche Regierung unterstützt das Deutsch-Russische Wissenschaftsjahr 2011/12.

5.1 Wissenschaftlicher Verhaltenskodex

Wichtiger als diese ermutigenden Rahmenbedingungen ist aber der Verhaltenskodex der **scientific community**, an den sich Wissenschaftler aller Länder im Allgemeinen gebunden fühlen. Dieser Verhaltenskodex ist im Wesentlichen informell, 2005 wurde aber von der EU eine „Europäische Charta für Forscher" als Empfehlung veröffentlicht, in der man versucht, ethische Regeln für Wissenschaft und Forschung festzulegen.[18)] Ob diese Charta nun wirklich einen Fortschritt darstellt, ist nicht so entscheidend, wichtig ist aber, dass sich Wissenschaftler im Allgemeinen gegenseitig eher Redlichkeit zutrauen als Geschäftsleute. Daher müssen Sie als Forscher weniger Zeit und Energie dafür aufwenden, erst eine tragfähige Vertrauensbasis für gemeinsame Projekte zu schaffen.

Auch die Machtdistanz hat weniger Gewicht, zumindest unter Kollegen aus verschiedenen Ländern (gegenüber Mitarbeitern mag dies auch wieder anders aussehen).

---

18) Im Internet zu finden unter: **http://ec.europa.eu/eracareers/pdf/eur_21620_de-en.pdf**.

5.2 Auch hier: das Risiko falscher Erwartungen

Trotzdem: Das Risiko unrealistischer Erwartungen bleibt bestehen, denn Wissenschaft wird auch heute noch als „kulturneutral" angesehen – zu Unrecht! Und die Erwartung, dass es in einer multikulturellen wissenschaftlichen Arbeitsgruppe keine kulturellen Unterschiede gibt, wird mit einiger Sicherheit enttäuscht werden. Außerdem erfordert gerade die wissenschaftliche Zusammenarbeit eine besondere Tiefe der Kooperation, der geistigen Zusammenarbeit eben. Von daher möchten wir Ihnen empfehlen, sich genauso viel Zeit zum Kennenlernen und für den Aufbau persönlicher Beziehungen zu nehmen, wie es Akteure in der Wirtschaft tun müssen. Auch in wissenschaftlichen Projektgruppen kann es zu Konflikten kommen, und spätestens dann brauchen Sie diesen Anker im interkulturellen Eismeer. Und setzen Sie nicht zu viele Gemeinsamkeiten als selbstverständlich voraus. Es hat nichts mit Misstrauen zu tun, wenn man zu Beginn einer Kooperation sorgfältig prüft, wer welches Verständnis von zentralen Begriffen, Methoden oder Arbeitsweisen hat. Gerade scheinbar einfache, allgemein bekannte Termini können interkulturell mit großer Selbstverständlichkeit ganz unterschiedlich definiert und verwendet werden.

Ebenso sollten Sie Aufgaben, Rechte und Pflichten und nicht zuletzt Formate und Termine für Berichte und Veröffentlichungen rechtzeitig abstimmen – auch hier lauern mehr Unterschiede, als Sie vielleicht zunächst vermuten. Dass über zentrale Fragen wie die Zuordnung und Verwendung (gemeinsamen) geistigen Eigentums verbindliche Verträge geschlossen werden müssen, ist selbstverständlich. Auch hier geht es darum, klare Rahmenbedingungen zu schaffen, um sich dann umso freier der gemeinsamen Forschungsarbeit widmen zu können.

6. Vorteile und Chancen

Gerade in der wissenschaftlichen Arbeit erweisen sich unterschiedliche Denkweisen, zum Beispiel durch die Landeskultur geprägt, als fruchtbar. Bringen die russischen Kollegen umfassendere Grundlagenforschung ins Projekt ein, können die deutschen Kollegen ihren anwendungsorientierten Ansatz beitragen. Oft bringen russische Partner interdisziplinäre Ansätze mit, die wiederum neue Ideen generieren.

7. Dos & Don'ts

1. Besonders zu Beginn einer Geschäftsbeziehung ist es wichtig, auf beiden Seiten gezielt Vertrauen aufzubauen, um das Vertrauensdilemma zu überwinden. Dafür können Sie einiges unternehmen:
   - Informieren Sie sich so intensiv wie möglich über kulturelle, rechtliche, technische Besonderheiten des Ziellandes. So können Sie sich vor unangenehmen Überraschungen schützen und Aussagen Ihrer Partner besser beurteilen.
   - Sammeln Sie Informationen über das potenzielle Partnerunternehmen. So sind Sie nicht nur auf die Angaben Ihrer Partner angewiesen.

- Es geht nichts über den direkten Kontakt: Lernen Sie Ihr Gegenüber persönlich kennen und stellen Sie fest, ob die Chemie stimmt. Das ist besonders wichtig, damit Ihr **P-Ass** auch wirklich sticht!
- Geben Sie auch Ihrem Geschäftspartner die Chance, Sie, Ihr Unternehmen und Ihre Produkte kennenzulernen. Auch die russische Seite möchte wissen, mit wem sie es zu tun hat.
- Überprüfen Sie Fakten, Ergebnisse und Fortschritte professionell, besonders als Führungskraft oder Auftraggeber. Das ist kein übertriebenes Misstrauen, sondern nötige Sorgfalt.
- Und vor allem: Gestalten Sie Ihre Geschäftsbeziehungen so, dass beide an einer langfristigen Kooperation zu beiderseitigem Nutzen Interesse haben!

2. In der Wissenschaft ist es einfacher, eine Kooperation zu starten, denn es gibt unter Wissenschaftlern einen Vertrauensvorschuss. Den sollten Sie besser nicht verspielen! So pflegen Sie Vertrauen bei wissenschaftlichen Projekten:
   - Gehen Sie nicht davon aus, dass Wissenschaft kulturneutral ist! Das ist sie nämlich wirklich nicht.
   - Nehmen Sie sich deshalb genug Zeit zum Kennenlernen, denn auch für Sie als Wissenschaftler ist die persönliche Beziehung die Basis aller weiteren Aktivitäten und auch Sie werden das **P-Ass** brauchen!
   - Gleichen Sie Ihr Verständnis von Begriffen, Methoden, Arbeitsweisen zu Beginn mit dem Ihrer Partner ab und vereinbaren Sie für beide Seiten verbindliche Definitionen. So können Sie vermeiden, dass kulturelle Unterschiede in den Auffassungen später zu Problemen führen.
   - Nehmen Sie sich Zeit für diese Prozesse und halten Sie die Definitionen sowie alle weiteren Grundpfeiler der Zusammenarbeit schriftlich fest!
   - Regeln Sie die Frage des geistigen Eigentums vertraglich! Das gibt beiden Seiten Sicherheit.

Resümee

Unsere Reise durch das deutsch-russische interkulturelle Gewässer nähert sich ihrem Ende. Am Horizont erscheint schon der Ankunftshafen – Ihre zukünftige Tätigkeit. Wir hoffen, dass die Reise Ihnen neue Kenntnisse und Erkenntnisse gebracht hat und Sie keine Angst vor dem dunklen tiefen Wasser bekommen haben, sondern sich vielmehr von Ideen und Anregungen haben „erleuchten" lassen.

Wir kommen nochmals auf die plastische Darstellung der Kultur zurück, die wir im Vorwort erwähnt haben: den Eisberg. Sie erinnern sich, das Bild steht nicht für das Kalte und nicht Erklimmbare, sondern für das Verhältnis zwischen den sichtbaren und unsichtbaren Aspekten einer Kultur. Die Ersten machen den kleineren Teil aus und sind einfacher zu sehen und zu begreifen, die Zweiten bilden den massiveren Teil, sind nicht so leicht zugänglich und deswegen bei Kollisionen besonders gefährlich.

Wir möchten hier diesen Vergleich noch etwas weiterentwickeln. Und zwar bei der Beantwortung der Frage: Wie verändert sich eine Kultur mit der Zeit? Äußere Einflüsse auf eine Kultur können z. B. die Kolonisierung eines Landes sein, eine Revolution oder die Teilung des Landes zwischen zwei politischen Systemen. In der Eisberg-Metapher können diese Veränderungen mit klimatischen Veränderungen im Ozean verglichen werden. Stellen Sie sich unseren Eisberg vor, der am Nordpol plötzlich von der Sonne stark angestrahlt wird. Wenn überhaupt, wird seine Spitze schmelzen, die Form verändern, sich transformieren. Der Teil unseres Eisbergs, der sich unter Wasser befindet, wird erst dann davon beeinflusst werden, wenn die Klimaveränderung sehr lange dauert und die oberen Schichten kaum noch existieren. Und je tiefer unter dem Wasser eine Eisschicht liegt, umso stabiler ist sie, umso träger reagiert sie auf die Veränderungen in der Umgebung des Eisbergs.

Genauso verhält es sich mit einer Landes- oder Nationalkultur. Die sichtbaren Aspekte einer Kultur verändern sich relativ schnell unter einem neuen Einfluss. Junge Frauen, die in indischen Städten wohnen, tragen kaum noch Saris, sie kleiden sich westlich, aber man darf sich nicht täuschen lassen: Sie haben ihre Normen, Werte, ihren Glauben nicht gleichzeitig mit dem Sari abgelegt. Je wichtiger eine Situation ist – Entscheidung über Bildung, Heirat, auch eine Stresssituation im Arbeitsalltag – umso eher kommen die unsichtbaren Aspekte ihrer Kultur zum Vorschein.

Beispiel

Auch dreißig und vierzig Jahre nach der Teilung Deutschlands und der massiven Einwirkung der kommunistischen Ideologie in Ostdeutschland blieb die Kultur der DDR deutsch, insbesondere im Vergleich zu anderen „Bruderstaaten" des Warschauer Pakts. Unter den Menschen, die im Ostblock lebten, galten die DDR-Deutschen als besonders diszipliniert, strukturiert und effizient. Nach der deutschen Wiedervereinigung wiederum merkten Menschen, die auf verschiedenen Seiten der Mauer gelebt hatten, dass sie sich in manchen Einstellungen unterschieden. Die unterschiedlichen sozialen und politischen Rahmenbedingungen wirken nach – auch zwanzig Jahre später noch.

Bei russischen Menschen entsteht durch diese Trägheit der Kultur vor allem die „Falle des modernen Russen". Auch wenn ein 30jähriger Moskowiter sich wie in Mailand einkleidet, wie in London spricht und wie in Paris speist, ist und bleibt er in seinen wesentlichen Zügen ein russischer Mensch. Er ist mit großer Sicherheit mehr „wir-orientiert" als sein ehemaliger Kommilitone aus Oxford; er beherrscht bestimmt viel besser Multitasking als sein Geschäftspartner in München, er hat viel mehr für Hierarchie übrig als sein Freund in den USA. Also lassen Sie sich nicht von den äußeren Zeichen einer veränderten Kultur blenden, weder bei den Russen noch bei sich selbst!

Besonders stabil bleibt unserer Einschätzung nach der Unterschied in der russischen und der deutschen Kultur in Bezug auf die Kulturdimension „Individualismus versus Kollektivismus". In Kapitel B haben wir erklärt, dass die starke kollektivistische Komponente in der russischen Kultur nicht erst durch die Sowjetmacht entstand – vielmehr war die Sowjetstruktur besonders erfolgreich in Russland, da sie zu der historisch gewachsenen sozialen Struktur passte. Die kollektivistische Komponente ist so tief in der Geschichte verwurzelt, dass sie sich wahrscheinlich – wenn überhaupt – als letzte verändern wird.

Demgegenüber könnte die russische Kultur bald maskuliner werden – im Sinne von *Hofstedes* Kulturdimension: Die Werte könnten sich von der traditionellen russischen Fürsorglichkeit in Richtung des Erfolgsdrives verschieben. Bedingt wird das durch den harten Wettbewerb innerhalb der russischen Geschäftswelt und durch die internationale Konkurrenz, nicht zuletzt mit den ehemaligen „Vasallen" wie Polen, Tschechien oder Kroatien.

Und ob sich der extrem hohe Wert für Machtdistanz in Zukunft etwas nach unten, auf unsere Werte in Deutschland zubewegt, ist davon abhängig, ob die zentrale Macht weniger allumfassend und allgegenwärtig wird, als sie das heute in Russland ist.

Aber Kulturdimension hin, Veränderungen in der Welt her: Am Ende zählt nur, wie sich zwei Menschen begegnen und verstehen. Wir sind der festen Überzeugung, dass in jeder Business-Kultur das Persönliche an erster Stelle steht und das Sachliche an zweiter. In der hiesigen Kultur fällt es schwer, dies sich selbst und der Umgebung einzugestehen. Wir „sehen das ganz emotionslos", stellen Statistiken auf, wir schreiben Dafür- und Dagegen-Listen und beschäftigen Berater.

Aber mit all der Sachlichkeit und den Fakten „verkleiden" wir oft nur eine Entscheidung, die wir in unserem Inneren schon getroffen haben: Dies ist der Mensch, mit dem ich zu tun haben will, dies ist die Person, der ich vertraue. In der russischen Kultur ist dieser persönliche Kern nicht nur stärker, sondern auch sichtbarer, spürbarer, offener kommunizierbar.

Die entscheidende Wichtigkeit des Persönlichen haben wir an den verschiedenen Themen dieses Buches erfahren:

- Sie als Person passen (oder passen nicht) in eine Gruppe,
- Sie als Person werden als würdiger und/oder mächtiger Partner gesehen oder eben nicht,

- Sie als Person können sogar den Kampf gegen Korruption gewinnen. Wenn es Ihnen gelingt, eine persönliche Bindung aufzubauen und eine Geschäftsfreundschaft zu etablieren, dann sind Sie von Forderungen nach einem „Bakschisch" befreit: Kein Russe kommt auf die Idee, bei einem Freund zu schnorren.

Ist die persönliche Bindung nicht oder noch nicht zustande gekommen, wird Ihnen dagegen kein Geld der Welt helfen, Geschäfte nachhaltig gewinnbringend für beide Seiten zustande zu bringen oder eine langfristige wissenschaftliche Kooperation zu starten.

In der Kooperation mit russischen Menschen, egal ob in Wirtschaft, Wissenschaft, Kultur oder Politik haben wir immer wieder von einem „**P-Ass**" gesprochen: Die persönliche Karte sticht alles. Dies bedeutet konkret, dass Sie sich auf den russischen Menschen Ihnen gegenüber einlassen müssen, offen, neugierig und empathisch. Auch sollten Sie sich Zeit lassen, für das persönliche Kennenlernen, Beschnuppern, Sie sollten sich beim Hobby oder Sport oder in der Freizeit als Mensch wahrnehmen lassen und sich als Person „zeigen". Gerade in der russisch-westeuropäischen Kooperation, wo es von den westlichen Menschen gar nicht mehr erwartet wird, garantieren Sie sich damit einen nachhaltigen Erfolg. Und gewinnen – nebenbei – wahre Freunde. Für die Arbeit und fürs Leben.

Nach so viel Euphorie und Optimismus wollen wir ein Phänomen nicht unerwähnt lassen, von dem keine interkulturelle Zusammenarbeit frei ist. Stellen Sie sich vor, Ihre Offenheit, Ihre Empathie und auch die Entwicklung Ihrer interkulturellen Kompetenz haben sich ausgezahlt: Sie fühlen sich wohl in dem fremden Land, im interkulturellen Team, mit den Menschen aus dem anderen Kulturkreis. Es kann aber trotzdem der Tag kommen, an dem Sie dieses „Kollektiv" verwünschen. Das ist nicht tragisch, weil es gesetzmäßig ist.

Zumindest nach *Obergs* Stufenmodell der Anpassung an eine neue Kultur: Nach dem „Honeymoon", nach der wunderbaren Zeit des Kennenlernens, dem Reiz des Neuen, kommt eine Krise, die – hoffentlich – durch ihre erfolgreiche Überwindung zu einer viel tieferen Bindung an die neue Kultur führt.

Gerade weil sich die Krise auf eine Gruppe bezieht, müssen Sie diese außerhalb der Gruppe bewältigen. Mithilfe eines interkulturellen Coachings in Deutschland oder mithilfe einer Supervision bei einem interkulturellen Trainer. Ebenfalls empfehlenswert ist ein Netzwerk von „Russenverstehern" aus anderen Unternehmen, mit deutschen oder anderen westlichen Kollegen vor Ort. Sie werden Ihnen helfen, kleine Krisen in Ihrer Beziehung zu Russland zu überwinden. Vielleicht auch mit einem russischen Sprichwort: „Перемолится – мука будет!", zu Deutsch: „Wenn das ausgemahlen ist, wird es zu Mehl" oder in unserer Interpretation dieses Spruches: Nach einer überstandenen Krise gibt es eine neue – schöne und nützliche – Qualität der Beziehung.

Wenn Sie sich auf diesen Prozess einlassen, werden Sie uns auf die Dauer sicher zustimmen: Die Chancen überwiegen gegenüber den Risiken bei Weitem, denn:

- Die russische Gruppenorientierung bedeutet, dass Sie mit Erfolgen und Niederlagen, Problemen und Freuden nie allein sein werden.
- Die größere Machtdistanz kann zu Klarheit und einfacher Abstimmung mit nur einer Person führen.
- Die polychrone, flexible Zeitplanung verschafft Ihnen Vorteile, wenn es unerwartete Ereignisse zu bewältigen gilt.
- Das höhere Tempo befreit Sie von dem Zwang zum Perfektionismus.
- Die weniger scharfe Trennung zwischen Beruf und Privatleben kann leichter aus Kollegen und Geschäftspartnern Geschäftsfreunde und auch einfach Freunde machen.
- Ihre Übung in **High Context**-Kommunikation macht Sie diplomatischer, geschmeidiger und auch sensibler für Zwischentöne.

Und ganz allgemein gilt: Andere Sichtweisen und Auffassungen erweitern Ihren Horizont und führen zu neuen Gesichtspunkten und Ideen, auf die Sie sonst gar nicht gekommen wären.

Wenn wir diesem optimistischen Pfad folgen, kommen wir zu einem weiteren Aussichtspunkt, der Sie ermutigen kann, durch alle Höhen und Tiefen der interkulturellen Kommunikation zu gehen und diese intellektuell und emotional zu meistern. An vielen Stellen in diesem Buch vergleichen wir Kultur mit Sprache, und eins haben sie noch gemeinsam: Jede weitere Fremdsprache ist einfacher zu erlernen als die vorherige und vor allem die erste. Genauso verhält es sich mit der interkulturellen Kommunikation: Haben Sie den russischen Kultureisberg erklommen, kommt Ihnen jede weitere interkulturelle Konstellation einfacher vor. Wer anfängt, sich mit einer fremden Kultur intensiver auseinanderzusetzen (und sich damit seiner eigenen kulturellen Prägung bewusst wird), wird auf weitere Kulturen offener reagieren, weniger fremdeln und es leichter haben, sie sich zu erschließen. Sie werden also leichter mit der Machtdistanz in Indien, Terminlässigkeit in Irland oder Unsicherheitsvermeidung in Griechenland umgehen können. Schon allein die Gewissheit, dass Sie schon eine fremde Kultur erlernt, verstanden und erspürt haben, wird Ihnen mehr Sicherheit und vor allem Gelassenheit in jeder anderen Kulturumgebung bescheren.

> Wie für das Sprachenlernen gilt auch für das Kulturen-Lernen: Übung macht den Meister.

Legen Sie einfach los, üben Sie bei jeder Gelegenheit:

- Im Urlaub mit den anscheinend unmöglichen russischen Touristen,
- beim Filmfestival, wenn ein russischer Film gezeigt wird,
- in der „Russendisco",
- im russischen Lebensmittelgeschäft oder

- in der Banja in Ihrer Stadt,
- fliegen Sie mit einer russischen Fluggesellschaft nach Russland, um sich auf Sprache und Menschen einzustimmen,
- probieren Sie Ihr Russisch im Hotel beim Einchecken aus.

Und dann gilt auch für die eigentliche Zusammenarbeit: **learning by doing**.

Wir wünschen Ihnen in diesem Sinne weiterhin eine spannende Reise in unserer bunten Welt – weniger Kollisionen mit Eisbergen, die Ihnen entgegen schwimmen und mehr Verständnis für Ihren eigenen Eisberg. Wir wünschen Ihnen viel Freude beim Kennenlernen von anderen Kulturen und von einzelnen Menschen, die rein zufällig in einem anderen Land geboren und in einem anderen Kulturkreis aufgewachsen sind. Es sind eben die gemeinsamen geschäftlichen Interessen und wissenschaftlichen Ideen, die Menschen seit jeher, wie z. B. in der Hansetradition, zusammengebracht haben, sie „gezwungen" haben, miteinander auszukommen, einander zu verstehen oder sich zumindest zu begegnen. Machen Sie etwas daraus: Das bringt Erfolg und persönlichen Gewinn. Für alle „Weiterreisenden". Ahoi!

Was halten Russen von Deutschen? (S. 28)
Ergebnisse einer Umfrage des Instituts für komplexe Gesellschaftsforschung und der Friedrich-Ebert-Stiftung von 2002

- 68,1 % hatten allgemein positive Gefühle gegenüber Deutschland; eine weitere positive Entwicklung der Beziehungen erwarten 64,6 %.
- Die drei wichtigsten Aussagen über Deutschland waren: Deutschland ist ...
  - ein Land der Ordnung und Disziplin (56 %).
  - der Schuldige am 2. Weltkrieg (41,8 %).
  - ein Land, von dem man etwas lernen kann (30,2 %).
- Bei den Eigenschaften, die man Deutschen zuschreibt, waren diese die herausragenden:
  - Genauigkeit (94,4 %)
  - Pünktlichkeit (88,8 %)
  - Berechnung (84,0 %)
- Und diese wurden den Deutschen am wenigsten zugeschrieben:
  - Laxheit (2,0 %)
  - Schlampigkeit (4,1 %)
  - Güte (4,7 %)

Die komplette Umfrage finden Sie unter:
http://www.fesmos.ru/Pubikat/2_Deutschland %20und %20europa2002/part_3.html

Typische Zeichnung deutscher Probanden bei Tom Cottles Circles Test (S. 105)
Nach *Trompenaars,* Riding the Waves of Culture: S. 113 ff.
So sahen die Kreise der deutschen Probanden aus – es waren allerdings nur westdeutsche Kreise, Probanden aus der DDR wurden damals nicht befragt.

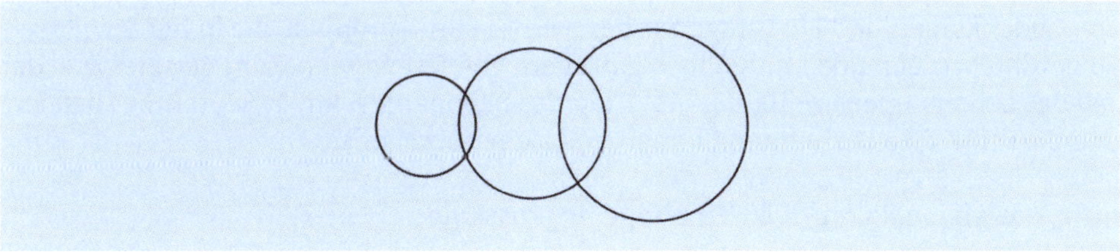

Kalender und Gedenktage (S. 109)
Russland führte 1918 den gregorianischen Kalender ein und alle offiziellen säkularen Daten und Termine werden wie anderswo danach berechnet und angegeben. Bei kirchlichen Feiertagen verwendet die russisch-orthodoxe Kirche aber den älteren julianischen Kalender. Bei den festen Kirchenfesten wie Weihnachten beträgt der Unterschied 13 Tage; das russische Weihnachtsfest liegt daher auf dem 7. Januar, Neujahr auf dem 13. Januar. Die beweglichen Feste, also z. B. Ostern werden dagegen nach anderen Kriterien berechnet (erster Frühlingsvollmond) und hier führen die Unterschiede

zwischen den Kalendersystemen zu teilweise größeren, auf jeden Fall aber unregelmäßigen Unterschieden von Jahr zu Jahr.

An staatlichen Feiertagen, an denen nicht gearbeitet wird, gibt es in Russland derzeit die folgenden:

1.–7. Januar	Neujahr und orthodoxes Weihnachtsfest
23. Februar	Tag der Verteidiger des Vaterlandes
8. März	Internationaler Frauentag
1. Mai	Tag des Frühlings und der Arbeit
9. Mai	Tag des Sieges
12. Juni	Tag Russlands (Nationalfeiertag)
4. November	Tag der Einheit des Volkes

Dabei gilt, dass ein Feiertag, der auf einen Wochenendtag fällt, zu einem freien Tag am folgenden Montag führt. Die Feiertage werden öfter als in Deutschland durch staatliche Regelungen verändert. Über den aktuellen Stand können Sie sich z. B. auf der Website der russischen Konsulate informieren: **www.russisches-konsulat.de**

Zu Weihnachten, Neujahr, Ostern und zum 8. März ist es üblich, Glückwunschkarten zu verschicken (zum 8. März siehe auch unser Kapitel D). In den letzten Jahren verschickt man gern auch eine Karte zum chinesischen Neujahrsfest mit dem jeweiligen Tiersymbol. In jedem Fall immer ein guter Anlass, sich mal wieder bei jemandem zu melden, den man aus den Augen verloren hat oder aktive Kontakte besonders zu würdigen. Bei den religiösen Feiertagen aber Vorsicht, da muss man schon wissen, dass das passt, s. Kapitel E.

Neben den Feiertagen, die auch arbeitsfreie Tage sind, gibt es in Russland eine Vielzahl von Gedenktagen und Ehrentage für bestimmte Berufsgruppen, die in der Sowjetzeit eingeführt wurden und immer noch ganz gern gefeiert werden. Zum Beispiel wird der Tag des Lehrers (gleichzeitig der erste Tag des Schuljahres) am 1. September gefeiert und die Lehrkräfte bekommen Blumen und kleine Geschenke.

http://de.wikipedia.org/wiki/Feiertage_in_Russland

Auflösung: Also, was heißt dann ... (S. 134)
Hier die Umschrift der russischen Wörter mit lateinischen Buchstaben.

МЕТРО METRO (U-Bahn)	КИНО KINO	ТЕАТР TEATR	РЕСТОРАН RESTORAN	БАР BAR
ШАШЛЫК SCHASCHLYK	БАНАН BANAN	КОФЕ KOFE (Kaffee)	ВИНО WINO (Wein)	САЛАТ SALAT
ФИЛЬМ FILM	ОПЕРА OPERA	РЕЖИСЕР REZHISJOR Regisseur	КОМПОЗИТОР KOMPOSITOR Komponist	АКТЕР AKTJOR Schauspieler
ШТРАФ SCHTRAF Geldstrafe	КУРОРТ KURORT	ВЕКСЕЛЬ WEKSEL Wechsel (im Zahlungsverkehr)	БУТЕРБРОТ BUTERBROT Belegtes Brot	ЛАНДШАФТ LANDSCHAFT

Auflösung: „Übersetzen" Sie bitte folgende Low Context-Aussagen in High Context (S. 146)
Bei dieser Übung gibt es wieder einmal kein eindeutiges Richtig und Falsch. Hier aber einige Anregungen, wie diese Übersetzung wohl aussehen könnte:

Low Context	High Context
Ich habe Hunger!	Vielleicht könnten wir mal eine Pause machen. Es ist ja auch schon Mittag.
Das Hotel taugt nichts.	Beim letzten Mal war ich auch in einem sehr schönen Hotel. Das hatte noch zusätzlich den Vorteil, dass es im Stadtzentrum lag.
Diesen Termin schaffen wir nie!	Ich schlage vor, dass wir zwischendrin mal überprüfen, wie weit wir sind und ob sich noch irgendwelche Veränderungen oder Schwierigkeiten ergeben.
Dazu habe ich überhaupt keine Lust!	Können wir nur zuvor noch ... machen?
Wie lange wollen Sie hierbleiben?	Haben Sie denn auch genug Zeit für unsere Gespräche mitgebracht?
Mit dieser Arbeitsaufteilung bin ich nicht einverstanden.	Das ist ein guter Plan. Es wäre möglicherweise noch besser, wenn Sie Tätigkeit X und ich Tätigkeit Y machen könnten, das könnte für uns beide noch einfacher sein.
In diesem Text sind zu viele Fehler.	Der Text ist sehr interessant und gut geschrieben. Vielleicht könnten wir vorsichtshalber noch mal alle Daten / die Rechtschreibung checken lassen.

„Не дорог подарок, дорога любовь!" – sagt das russische Sprichwort, zu Deutsch: „Nicht das Geschenk ist lieb und teuer, sondern die Liebe!" Daraus folgt: Die Geschenke dürfen teuer sein, müssen es aber nicht – auch hier schlägt das Persönliche das Finanzielle.

Nehmen Sie sich den deutschen Spruch **„Kleine Geschenke erhalten die Freundschaft" zu Herzen.** Zugegeben, das Wort „klein" muss in diesem Kontext relativiert werden. Zum einen sind die Russen selbst sehr großzügig und spendabel, die Geschenke von russischen Geschäftsfreunden – Mitbringsel nach Deutschland oder spontane Geschenke während Ihres Aufenthaltes in Russland – können schon zu einem „Zwang" führen, ebenfalls großzügig zu beschenken. Folgen Sie diesem „Zwang" ruhig, denn ein individuelles Geschenk ist in Russland keine Bestechung, sondern eine Herzensangelegenheit. Außerdem sind Geschenke ein „Muss":

- zum Neujahrsfest am 1. Januar (und nicht zum westlichen Weihnachten),
- zum 8. März für alle russischen Damen.

Und was soll man schenken? Zunächst die „Negativliste", die durch den russischen Aberglauben begründet ist. Auch Ihre jung-dynamischen Geschäftspartner aus Russland können in ihrem Inneren die unbewussten Programme tragen, die nichts Gutes verheißen, wenn ihnen z. B. ein Messer (zum Streit), ein Tuch (zur Trennung), eine Uhr (ebenfalls zur Trennung) übergeben wird.

Hier sind einige positive – und preiswerte Beispiele: Wenn Ihre Geschäftspartner Deutsch oder Englisch einigermaßen können oder fleißig lernen, empfiehlt sich ein Buch auf zwei Sprachen (zum Beispiel von Reclam „Russische Zaubermärchen"). Eine Kollegin in St. Petersburg, die gern auf ein Glas Champagner und für eine Runde Shopping ins KaDeWe geht, bekommt per Post eine DVD über die Geschichte dieses Kaufhauses zugeschickt (10 €). Sie waren mit der Delegation einer Universität aus Moskau bei ihrem Besuch in der Philharmonie? Und Sie erfahren, dass Ihre Kollegen dort eine Kooperation mit Japan planen? Schenken Sie doch die DVD „Trip to Asia" (13 €). Alle drei Geschenke sind nicht nur preiswert, sondern bequem zu versenden oder im Handgepäck mitzunehmen.

Und grundsätzlich im Zweifelsfall gilt in Russland: „Книга – лучший подарок!", zu Deutsch: „Ein Buch ist das beste Geschenk".

Wenn Sie Ihre Geschäftspartner schon besser kennengelernt haben, ist eine Frage im Vorfeld eines Treffens in Russland, was Sie mitbringen dürfen bzw. was gerade gebraucht wird, vollkommen angebracht und überhaupt nicht peinlich. Auch wenn die Antwort lautet: „Danke, ich brauche im Moment nichts", haben Sie damit gepunktet. Und wenn ein konkreter Wunsch kommt – umso besser: Echte Freunde helfen sich eben gegenseitig, ohne viele Worte drum herum.

Apropos „drum herum": Die Sitte, Geschenke hübsch einzupacken, ist relativ neu in Russland, deswegen sind die russischen Geschenke entweder ganz aufwendig und bunt eingepackt – dem westlichen Partner zuliebe. Oder gar nicht – aus Überzeugung, der Inhalt ist wichtiger als die Form!

Geschäftsgeschenke: Dos & Don'ts

1. Das Geschenk darf nicht zu teuer sein, damit Ihr Gegenüber sich nicht im Zugzwang sieht oder der Verdacht der Bestechung im Raum steht.
2. Das Geschenk sollte möglichst individuell sein und die persönlichen Vorlieben, Hobby usw. des Beschenkten berücksichtigen. Wenn diese (noch) nicht bekannt sind, ist die beste Wahl ein Buch – auf Russisch oder Englisch oder zweisprachig Deutsch und Russisch.
3. Alle Mitglieder der Delegation müssen beschenkt werden.
4. Das Geschenk kann mit dem Anlass „korrespondieren", z. B. man schenke als Begrüßungsgeschenk in München einen Bildband über bayrische Schlösser oder als Mitbringsel ein Buch über Berlin auf Russisch, verbunden mit der Einladung, das nächste Treffen dort durchzuführen. Ein gemeinsamer Spaziergang über den Weihnachtsmarkt kann mit dem Kauf von Weihnachtsbaumkugeln, die der russische Gast für sich ausgesucht hat, verschönert werden. Beim gemeinsamen Konzert- oder Opernbesuch wird in der Pause (bitte bei einem Glas Sekt) die entsprechende CD überreicht.
5. Wegen des doch verbreiteten Aberglaubens kann es unter Umständen gefährlich sein, folgende Gegenstände zu schenken: Scharfe Gegenstände, wie Schere, Brieföffner, Messer („kann zu Streit führen"); Tuch, Schal, Uhren („Trennung"), Geldbörse („Armut", es sein denn, darin ist eine symbolische Münze platziert!).
6. Wegen der weitverbreiteten Stereotypen, dass Russen zu viel trinken, die auch russischen Menschen bewusst und eventuell peinlich sind, raten wir von alkoholischen Geschenken ab.
7. Im Zweifelsfall schenkt man auch in Russland Bücher und DVDs.
8. Es ist ratsam, Ihren russischen Partnerinnen zum 8. März zu gratulieren. Zu diesem Anlass passen am besten Blumen und hochwertige Pralinen.

Mini-Sprachkoffer für Dienstreisen nach Russland[19)]

Russisch	Umschrift	Übersetzung ins Deutsche
Добрый день!	Dobrij den' (weiches „N")	Guten Tag
Позвольте представиться	Pozvol'te predstavitza	Darf ich mich vorstellen
Меня зовут	Menja zowut	Ich heiße
Я работаю на фирме...	Ja rabotaju na firme...	Ich arbeite in der Firma...
Это мой (моя) коллега	Eto moj (moja) kollega	Das ist mein Kollege (meine Kollegin)
Это мой начальник	Eto moj natschalnik	Das ist mein Vorgesetzter
Это моя начальница	Eto moja natschalniza	Das ist meine Vorgesetze
Это – директор нашей фирмы	Eto direktor naschej firmy	Das ist Geschäftsführer (oder Geschäftsführerin) unseres Unternehmens
Очень приятно	Otschen' prijatno	Sehr angenehm
К сожалению я не говорю по-русски	K sozhaleniju, ja ne goworju po-russki	Leider spreche ich kein Russisch
Я только начал(а) изучать русский язык	Ja tol'ko natschal(a) izutschat' russkij jazyk	Ich habe gerade angefangen, Russisch zu lernen (Endung „a" für weibliche Form)
Вот моя визитная карточка	Vot moja vizitnaja kartotschka	Hier ist meine Visitenkarte
Чаю? Кофе?	Tschaju? Kofe?	Möchten Sie Tee? Kaffee?
Спасибо	Spasiba	Danke
Разрешите Вам это подарить	Razreschite Vam eto podarit'	Ich darf Ihnen dieses Geschenk überreichen
До новых встреч!	Do novych vstretsch!	Bis zum nächsten Mal!
Остаёмся в контакте	Ostajemsja v kontakte	Wir bleiben in Kontakt
Сердечный привет господину (госпоже) ...	Serdetschnij privet gospodinu (gospozhe)	Herzliche Grüße an Herrn ... (Frau ...)

19) Unter **www.kiehl.de/russenversteher** finden Sie den Sprachkoffer zusätzlich zum Ausdrucken und Anhören.

Barin
Gutsbesitzer, Adliger, Herr.

DAAD
Deutscher Akademischer Austauschdienst, mit einer Außenstelle in Russland: **www.daad.ru**.

Europäische Charta für Forscher
Internationaler Verhaltenskodex für Wissenschaftler: **http://ec.europa.eu/eracareers/pdf/eur_21620_de-en.pdf**.

Expatriat
Wörtlich aus dem Lateinischen: jemand, der außerhalb des Vaterlandes lebt. In moderner Sprache: Angestellter einer Firma, der im Ausland für diese tätig ist, als Experte zuständig für z. B. Know-how-Transfer oder Qualitätssicherung, oft als Manager mit Personalverantwortung in einem Joint Venture.

Femininität
Siehe Maskulinität.

Gosnadzor
Staatliche Aufsichtsbehörde der Russischen Föderation für ökologische, technologische und atomare Aufsicht, gegründet 2004.

GOST (ГОСТ)
Wörtlich „Staatlicher Standard", staatliche Normen und Standarte für Russland und GUS. Zusammenarbeit mit dem TÜV: **www.din-gost.de**.

GUS (СНГ auf Russisch)
Gemeinschaft unabhängiger Staaten, Zusammenschluss von Staaten, die sich 1991 aus den sowjetischen Republiken gebildet haben. Dazu gehören (alphabetisch): Armenien, Aserbaidschan, Weißrussland (Gründungsmitglied, das Hauptquartier der GUS befindet sich in Minsk), Kasachstan, Kirgisistan, Moldawien, Russland (Gründungsmitglied, die Hauptversammlung der GUS tagt in Sankt Petersburg), Tadschikistan, Ukraine (Gründungsmitglied) und Usbekistan. Georgien ist nach dem militärischen Konflikt mit Russland aus der GUS ausgetreten, Turkmenistan hat den Status eines beigeordneten Mitgliedes. Die baltischen Staaten Estland, Lettland und Litauen sind der EU beigetreten.

High Context (HC)
Nach Hall – kulturbedingte Kommunikationsart, bei der der Sinn einer Äußerung zu einem großen Teil nicht in dem Gesagten selbst liegt, sondern in der Situation, der gemeinsamen Erfahrung der Sprecher, in dem, was man gemeinsam für selbstverständlich hält. Als Gegenpol wird Low Context (LC) definiert, bei dem Inhalte, Gefühle und Bewertungen direkt ausgedrückt werden.

Individualismus
Nach Hofstede – Kulturdimension, die das Verhältnis einer Person zur Gruppe zeigt, das Verhältnis von „Ich“ und „Wir“ in einer Landeskultur. Als Gegenpol zum Individualismus wird Kollektivismus gesetzt.

Kirilliza
Oder kyrillische Schrift – das Alphabet, in dem die russische Sprache (und eine Reihe weiterer Sprachen) geschrieben wird. Die Kirilliza entstand im Mittelalter, ausgehend von den griechischen Mönchen Kirill und Method. Im Laufe der Zeit wurde sie zu der heute gültigen Form weiterentwickelt.

Kollektivismus
Nach Hofstede – siehe Individualismus.

Konsekutivdolmetschen
Modus des mündlichen Übersetzens, bei dem der Dolmetscher die Äußerungen des Sprechers Zug um Zug übersetzt, man also nacheinander spricht.

Kultur
Gemeinsame Art einer Gruppe von Menschen, ihre Umwelt und ihre sozialen Beziehungen zu gestalten, wodurch eine Abgrenzung von anderen Gruppen und Zusammenhalt untereinander geschaffen wird. Kulturen bestehen aus wahrnehmbaren und nicht wahrnehmbaren Elementen.

Kulturdimension
Versuch, die qualitativen Merkmale einer Kultur zu systematisieren, zu messen und zu vergleichen. Die bekanntesten Systeme der Kulturdimensionen werden nach den Wissenschaftlern benannt, die sie entwickelt haben: Hall, Hofstede und Trompenaars. Ein weiteres System wurde in der GLOBE-Studie verwendet.

Kulturzwiebel
Nach Hofstede – bildliche Darstellung der Zusammenhänge zwischen den verschiedenen Elementen der Kultur in Form einer Zwiebel. Die Kulturelemente werden von außen nach innen nach ihrer Wahrnehmbarkeit und Veränderbarkeit dargestellt. Die wahrnehmbaren Elemente werden unter dem Begriff „Praktiken“ zusammengefasst: von außen nach innen: Symbole, Helden und Rituale. Im Zentrum der Kulturzwiebel finden sich die nicht wahrnehmbaren Werte einer Kultur.

Lingua franca
Wörtlich aus dem Italienischen „fränkische Sprache“, wird verwendet im Sinne einer allgemeingültigen Verkehrssprache, wie etwa das Lateinische im Mittelalter. Der Versuch, eine künstliche Sprache – Esperanto – zu einer Lingua franca zu entwickeln, scheiterte im 20. Jahrhundert. Heute hat die englische Sprache diese Rolle in der Welt übernommen.

Low Context (LC)
Nach Hall – siehe High Context (HC).

Machtdistanz
Nach Hofstede – Kulturdimension, die zeigt, inwieweit die weniger mächtigen Mitglieder einer Gruppe Machtunterschiede akzeptieren sowie deren Demonstration und Ausübung erwarten.

Maskulinität
Nach Hofstede – Kulturdimension, die zeigt, inwiefern in einer Kultur das Streben nach Sieg und Erfolg gegenüber zwischenmenschlichem Mitgefühl und dem Streben nach Lebensqualität dominiert. Als Gegenpol wird Femininität definiert.

P-Ass
Unsere Bezeichnung für die Stärke der persönlichen Beziehung. Wie ein Ass in einem Kartenspiel die stärkste Karte ist, so ist die persönliche Bindung der stärkste Faktor im Geschäft mit russischen Partnern (und mit Partnern aus vielen anderen Ländern, z. B. aus arabischen Ländern, Frankreich usw.)

Perestroika
Wörtlich aus dem Russischen „Umbau", die im Jahre 1986 von Michail Gorbatschow initiierte Modernisierung des Sowjetsystems. Wird als Begriff für den politischen und wirtschaftlichen Transformationsprozess auch nach dem Zerfall der Sowjetunion im Jahre 1991 gebraucht.

Polychrone/monochrone Kulturen
Nach Hall – dominierendes multidimensionales bzw. lineares Zeit- und Strukturverständnis innerhalb einer Landeskultur; geprägt auch von Personenorientierung/Sachorientierung.

Power Distanz Index
Siehe Machtdistanz.

Simultandolmetschen
Modus des mündlichen Übersetzens, bei dem die Äußerungen eines Sprechers nahezu gleichzeitig von einem Dolmetscher übersetzt werden, meist unter Nutzung von technischer Ausstattung (Dolmetscherkabine, Mikrofone, Kopfhörer).

SINUS-Milieu
Besonders für das Marketing relevante Segmentierung einer Gesellschaft in Lebenswelten, mit Bezug auf soziodemografische und verhaltensbezogene Aspekte.

Smart Globalizing
Wissenschaftliches Projekt der Universität Lüneburg zur Entwicklung von Grundlagen von Prozessen in Unternehmen, die interkulturelle Unterschiede berücksichtigen.

Sobornost
Wörtlich aus dem Russischen „auf der Zusammenkunft, Versammlung basierend". Das Selbstverwaltungssystem einer Dorfgemeinschaft und Ursprung einer kollektivistischen Gruppendynamik.

Starosta
Gewählter (seltener von oben legitimierter) Vertreter einer Sippe oder einer Gemeinschaft.

Stereotyp
Wörtlich aus dem Griechischen: fest-artig, ein gleichbleibendes oder häufig vorkommendes Muster. Bezeichnete ursprünglich einen festen Schriftsatz beim Drucken, wird seit 1922 auch für vorgefertigte Verallgemeinerungen über andere Menschen benutzt – meist mit negativer Konnotation.

Synodalbeschluss
Mehrheitliche und verbindliche Entscheidung der Kirchenvertreter.

Uncertainty Avoidance Index
Siehe Unsicherheitsvermeidung.

Unsicherheitsvermeidung
Nach Hofstede – Kulturdimension, die zeigt, inwiefern die Individuen, die einer Landeskultur zuzuordnen sind, sich in unerwarteten Situationen unwohl fühlen und versuchen, diese zu vermeiden oder durch ihr Handeln zu kontrollieren.

Wolgadeutsche
Nachfahren der deutschen Siedler im damals zaristischen Russland, die hauptsächlich im Gebiet um die Wolga Land bekamen.

Faissulin, Interview mit M. S. Schaimiev, **www.eurasialaw.ru**, 4. 10. 2011

Falkner, J. (Hrsg.), So ist nun mal der Russe ... Münster 2009

Feldmann, B., Interview vom 12. 4. 2011

Franke, R./Günther, U., Analyse und Optimierung der interkulturellen Kommunikation im Global Business (Tagungsband, im Druck)

Gellinek, A./Strumpf, R., Duell um Gas. ZDF- Dokumentation, 2010

Gontmacher, E., Soziale Entwicklung Russlands: Herausforderungen und Lösungsansätze, Russlands Perspektiven, 6/2011

Gorschkow, M., Russische Mentalitätät – soziologisch gemessen (Русский менталитет в социологическом измерении), Социологические исследования 6/2008

Gorschkow, M., Russlands städtische Mittelschicht, Россия сегодня и завтра (Friedrich-Ebert-Stiftung, Moskau), 09/2011

Hall, E. T., Beyond Culture, New York, 1976-1989

Hall, E. T., The Dance of Life. The Other Dimension of Time. New York 1983-1989

Hall, E. T./Hall, M. R., Understanding Cultural Differences. Yarmouth (Maine) 1989

Heringer, H. J., Interkulturelle Kommunikation. Grundlagen und Konzepte. Tübingen 2004

Hofstede, G., Cultural Dimensions, in **http://www.geert-hofstede.com**, 23. 10. 2011

Hofstede, G., Cultures and Organizations: Software of the Mind. London 2004

Hofstede, G., Dimension data matrix, **http://www.geerthofstede.nl/research--vsm 2010**

Hofstede, G.,/Hofstede, G. J., Lokales Denken, globales Handeln. Interkulturelle Zusammenarbeit und globales Management. München 2006

House, R. J. u. a., Culture, Leadership and Organizations: the GLOBE study of 62 societies. Thousand Oaks (California) 2004

Hradil, S., Soziale Milieus – eine praxisorientierte Forschungsperspektive. Aus Politik und Zeitgeschichte, 44/2006

Institut für komplexe Gesellschaftsstudien der Russischen Akademie der Wissenschaften/Friedrich-Ebert-Stiftung, Deutschland und Europa in den Augen der Russen. Moskau 2002, **http://www.fesmos.ru/Pubikat/2_Deutschland %20und %20europa2002/part_3.html**

Jammal, E. (Hrsg.), Vertrauen im interkulturellen Kontext. Wiesbaden 2008. Darin besonders. **Kühlmann, T. M.,** Opportunismus, Vertrauen und Kontrolle in internationalen Geschäftsbeziehungen, S. 61 ff.

Kulturkampf um die Frauenquote, Handelsblatt 4. 2. 2011

Losche, H./Püttker, S., Interkulturelle Kommunikation. Augsburg 2009

Müller, S./Gelbrich, K., Interkulturelles Marketing. München 2004

Nöllke, M., Von Bienen und Leitwölfen. München 2008

Petersen, L. E./Six, B. (Hrsg.), Stereotype, Vorurteile und soziale Diskriminierung. Theorien, Befunde und Interventionen. Basel 2008

Rothlauf, J., Interkulturelles Management. München 2009

Schröter, L., Benimm ist in. Basics für gute Umgangsformen. München 2004

Schulz von Thun, F., Miteinander reden 1. Störungen und Klärungen. Reinbek bei Hamburg 1981-2011

Straub, J. u. a. (Hrsg.), Handbuch interkulturelle Kommunikation und Kompetenz. Stuttgart/ Weimar 2007. Darin besonders: **Weidemann, D.,** Wissenschaft und Forschung, S. 667 ff.

Trompenaars, F., Riding the Waves of Culture. Understanding Diversity in Business. London 1995

Voigt, C. (Hrsg.), Interkulturell führen. Diversity 2.0 als Wettbewerbsvorteil. Zürich 2009. Darin besonders: **Scheif, D.,** Erst mit dem Gefühl der Sicherheit entsteht ein vertrauensvolles Arbeitsverhältnis, S. 108 ff; **Kaduk, S. u. a.,** Die Latte-Macchiato-Falle, S. 63 ff.

von Queis, D., Interkulturelle Kompetenz. Praxis-Ratgeber zum Umgang mit internationalen Studierenden. Darmstadt 2009

Wedomosti (Wirtschaftszeitung auf Russisch) Ведомости, 2. 3. 2011